刺梨加工与贮藏保鲜技术研究

Study on processing, storage and preservation of

Rosa roxburghii Tratt

俞 露 著

陕西新华出版传媒集团
陕西科学技术出版社
——西安——

图书在版编目（CIP）数据

刺梨加工与贮藏保鲜技术研究/俞露著. -- 西安 : 陕西科学技术出版社，2022.6
ISBN 978-7-5369-8415-8

Ⅰ. ①刺… Ⅱ. ①俞… Ⅲ. ①刺梨—水果加工②刺梨—贮藏③刺梨—保鲜 Ⅳ. ①S661.9

中国版本图书馆 CIP 数据核字(2022)第 058206 号

刺梨加工与贮藏保鲜技术研究

（俞露　著）

责任编辑　郭　勇　李　栋
封面设计　林忠平

出 版 者　陕西新华出版传媒集团　陕西科学技术出版社
西安市曲江新区登高路 1388 号陕西新华出版传媒产业大厦 B 座
电话（029）81205187　传真（029）81205155　邮编　710061
http://www.snstp.com
发 行 者　陕西新华出版传媒集团　陕西科学技术出版社
电话（029）81205180　81206809
印　　刷　陕西隆昌印刷有限公司
规　　格　787mm×1092mm　16 开
印　　张　8.25
字　　数　171 千字
版　　次　2022 年 6 月第 1 版
印　　次　2022 年 6 月第 1 次印刷
书　　号　ISBN 978-7-5369-8415-8
定　　价　49.00 元

前 言
PREFACE

刺梨为蔷薇科多年生落叶灌木缫丝花的果实，又名山王果、刺莓果、佛朗果、茨梨、木梨子，别名刺菠萝、送春归、刺酸梨子、文先果，是滋补健身的一种稀有的营养珍果，生长于海拔 500～2500m 的向阳山坡、沟谷、路旁及灌丛中，是产自贵州、鄂西山区、湘西、凉山、冕宁山区等地的天然野果。本书旨在介绍刺梨这种神奇植物的作用，为刺梨产业贡献一份力量。

本书以章节布局，共分为 5 章。第一章为刺梨的生物学特性及环境适应性，主要介绍了刺梨的植物基源、形态构造、资源分布状况等；第二章对刺梨果品加工的基本原理做了相对详尽的分析，主要从果品食品败坏与加工、果品的理化特性和食品添加剂 3 个方面进行；第三章主要介绍了刺梨及果品贮藏的基本原理，从果品的化学组成及其在贮藏保鲜过程中的变化出发，论证了贮藏方式的因素和影响条件，以及刺梨的贮藏和采摘后面临的问题；第四章介绍了刺梨果实贮藏的研究进展，整体介绍了果品贮存的各种方法，包括：简易贮藏、贮藏库、气调贮藏、机械贮藏、冷藏和他辅助贮藏方法，以及研究了刺梨果实采后贮藏研究进展、刺梨果实采后贮藏的发展方向。

《刺梨加工与贮藏保鲜技术研究》一书参考了大量的文献和资料，但是由于笔者能力有限，书中难免有疏漏不妥之处，请同行专家和读者批评指正。

目　录
CONTENTS

第一章 刺梨的生物学特性及环境适应性

第一节 刺梨的植物基源

刺梨（Rosa roxburghii Tratt）是一种蔷薇科蔷薇属多年生的落叶灌木[1]，具有很高的营养价值和药用价值，过去民间主要用它的果实和根部入药，贵州省民间有用刺梨鲜叶与茶青混合后炒青干制冲泡饮用的习惯，目前也有一些以刺梨叶作为配料的保健饮品上市[2]。刺梨具有丰富的营养成分，刺梨的花、果实、叶子和籽均可入药[3]。

刺梨，刺梨叶，刺梨根，分别属于蔷薇科植物单瓣缫丝花及缫丝花的果实、干燥叶和根。它们作为贵州民族药材，被收载于《贵州省中药材、民族药材质量标准》（2003 年版）中，用于消食健脾、收敛止泻、解暑等。苗族药用经验以刺梨根煎水服用，治疗消化不良[4]。刺梨作为贵州高原特有的珍贵野生资源，是高营养、高药用价值的综合性保健水果，其果实营养丰富，被誉为“营养库”。早在公元 1640 年，由田雯所撰的《黔书》中就有记载：“实如安石榴而较小，味甘而微酸，食之可以解闷，可消滞；渍汁煎之以蜜，可作膏，正不减于梨楂也”。公元 1870 年，刘善述《本草便方二亭集》中进一步论述：“刺梨甘酸涩止痢，根治牙痛崩带易，红花甘平泄痢止，叶疗疥金疮痢”。《本草纲目》中记载：“其花、果、叶、根皆可入药”“刺梨食之可解闷、消积滞、健胃、消食、滋补、涩精、止泻、止咳和治疗支气管炎、牙痛和妇女崩带等”[5]。清代赵复《宦游笔记》中记载：“刺梨形如棠梨，多芒刺不可触，味甘而酸涩。渍其汁同蜜煎之，可做膏，正不减于楂梨也。花于夏，实于秋。花有单瓣重台之别，名为送春归。密萼繁英，红紫相间，植之园林，可供玩赏”。《本草纲目拾遗》[6]中记载，民间应用其果实及根入药，用于消食健脾、收敛止泻、解暑及滋补强壮。清代初期陈鼎的《黔游记》记载：“刺梨野生，夏花秋实，干与果多芒刺，味甘酸，食之消闷，煎汁为膏，食同枯梨，四封皆产，移之它境则不生。每冬月苗女子采入市货”[7]。《中药大辞典》《贵州通志》对该品种也都有记载[8]。

此外，历史上还有很多关于利用刺梨酿制刺梨酒的记载。最早见于清道光十三年（公元 1833 年）吴嵩梁在《还任黔西》中的诗句：“新酿刺梨邀一醉，饱与香稻愧三年”。比此诗稍早或稍晚的贝青乔的《苗俗记》载：“刺梨一名送香归……味甘微酸，酿酒极香。”道光二十年（公元 1840 年）的《思南府续志》：“刺梨野生，实似榴而小，多刺，其房可酿酒……”同年《仁怀直录厅志》也有刺梨酒的记载。道光三十年（公元 1850 年）的《贵阳府志》中有“……以刺梨掺糯米造酒者，味甜而能消食”的记载。章永康《瑟庐计草》：“葵笋家家饷，刺梨处处酤。”据《布依族简史》载：“花溪刺梨糯米酒，驰名中外，它是清咸丰同治年间，青岩附近的龙井寨、关口寨的布依族首先创造的”。由以上可知，贵州人民把刺梨用作保健和医疗的历史已久。

第二节　刺梨植株形态和构造

刺梨又名野刺梨、野石榴、油刺果[9]、文光果、刺槟榔根、缫丝花[10]、茨梨[11]、送春归[12]等，属于蔷薇科蔷薇属多年生落叶小灌木植物。刺梨高 1～2.5m，树皮呈片状剥落[9]，多分枝，老枝灰褐色，小枝灰黄色[13]，呈圆柱状，斜向上升，茎直立或披展，树冠多呈丛生或披展状，芽、小叶柄和总叶柄基部两侧生有成对的皮刺。

1．刺梨根

刺梨是浅根性果树，直根发达[14]，大部分根系分布在表土层 10～60cm 处[15]。1998 年，季强彪等[16]对采自贵州大学农学院刺梨标本园的缫丝花与单瓣缫丝花的根、茎、叶、花进行了形态和解剖结构研究，其研究结果如下：刺梨根的横切面可以看见周皮，在中央有放射状排列的原生木质部 4 束，无髓部，辐射芒细胞在两束次生木质部之间常由多列薄壁细胞构成，有 4 束次生外韧无限维管束，周围保留着初生初皮部，存在次生结构。

2．刺梨茎

茎上长有皮刺，表皮外角质层较厚，外韧无限维管束呈束状排列。曾有报道，研究者[16]通过对比缫丝花与单瓣缫丝花，发现这两种缫丝花茎的内部结构基本相似，都有次生结构，其初生结构自外向内由表皮、皮层（厚角组织与薄壁组织）和维管柱组成。维管束属于外韧无限维管束，在初生韧皮部外分布一堆木质化的韧皮纤维。髓射线由 2～4 列薄壁细胞组成。髓部发达，由薄壁细胞构成。

3．刺梨叶

叶为椭圆形，奇数一回羽状复叶互生，3～5 裂，叶轴长 5.5～8.5cm，着生小叶 7～15 枚，基部呈楔形，长 1～2cm，宽 0.5～1.3cm，通常果枝上多为 9 枚，嫩梢上为 13～15 枚。叶尖渐尖，叶面平滑无毛，阳面呈绿色，阴面呈浅绿色。叶缘有细锐单锯齿，托叶与叶柄贴生，离生部分呈钻形，叶柄长 1.3～1.5cm，疏生腺毛[13]。主脉中央只具有1条外韧无限维管束，中脉阴面长有3～6枚小刺。束内形成层不明显，维管束周围有单层或多层厚壁细胞围成的维管束鞘。叶肉的栅栏组织由2～3层柱形细胞组成[16]，其中在侧脉穿过的地方只有2层柱形细胞。

4．刺梨花

刺梨花序为单生或2～3朵簇生，伞房花序[19]，着生于果枝顶端，呈浅杯状，具皮刺，花瓣总数90～110枚，花瓣大且多，呈深红色。花梗长0.3～0.6cm，冠径7～9cm，复互状排列，花瓣呈广倒卵形，上端浅裂凹入纵径1/3[10]。1998年，季强彪等[16]对刺梨进行研究，特别是对花的形态进行描述。花被：花萼由5枚萼片组成，外被针刺，萼片边缘有羽状裂片。花瓣数目不定，花瓣原基发育形成最外轮的5枚花瓣，雄蕊瓣化形成其余的花瓣。此外，外缘心皮也可能转变成花瓣。花托—托附杯：花托位于基部，略呈凹陷状，纵切面可看到反折的维管束，其分枝维管束进入各心皮。托附杯位于维管束反折以上的部位，由萼片、花瓣和雄蕊群的基部连接组成。在纵切面可以看到花萼维管束及花瓣，雄蕊维管束。刺梨的花托—托附杯呈深碟状，顶端向外展开。基部约1/3以下是凹陷的花托，花托以上约占2/3的部分是托附杯，花托—托附杯表面密被针刺。雄蕊：雄蕊离生、多数，一般在250～350以上，长于花瓣。因其大多数发生瓣化，通常无正常雄蕊或只有变形雄蕊。花药呈黄色，形态多样，花粉囊内有花粉粒，为近球形至长球形，中等大小，体积指数为27～33，具有3孔沟，外壁呈条纹状雕纹，间有穿孔，有黏性，且有1/3～1/2的花药不育，雄蕊与花柱连生，被有白色细茸毛，子房下位，柱头出花托凹顶，呈半圆头形。雌蕊：雌蕊由离生心皮组成，着于花托底部，子房膨大，花柱较长，周围被毛，柱头略扩展。花柱与柱头靠在一起，但彼此保持分离。完全重瓣花可看到有多轮心皮转变成花瓣，形态各异，如花瓣状、片状，甚至有保留着细长的花柱。

5．刺梨果实

果实为蔷薇果，表皮呈绿色，成熟时为黄色，有的并具褐色斑点，呈圆球形、扁球形、圆锥形、倒锥形或纺锤形等形状，直径2～4cm，表面具皮刺，有的刺软、刺硬，有的刺多、刺少甚至接近无刺。果型指数0.9～1.4，先端常有黄褐色宿存的花萼5瓣。刺梨的杯状肉食用部分为淡黄色、深黄色或红黄色，果肉厚度0.4～0.9cm，果汁少，内含种子3～50粒，着生于萼筒基部凸起的花托上，卵圆形，浅黄色，直径1.5～3mm。在花托和花筒发育过程中，原表皮内的基本分生组织细胞进行切向分裂，形成皮刺原基，然后细胞分裂增多，向外突出伸长，成为一多细胞的刺状结构，该结构称为皮刺。根据细胞壁木化程度将皮刺分为软刺和硬刺，刺梨成熟时，皮刺上部呈红紫色。在外力的作用下，皮刺很容易脱落。

6．刺梨种子

由倒生胚珠发育形成，胎座顶生，胚珠倒悬。种子呈椭圆形，子叶端较圆，胚根端较尖，由种皮、外胚乳和胚3部分构成。种皮：淡棕色，膜质，一层，由2～3层稍栓质化细胞构成，形似多边形，在其一侧有一条深褐色的种脊。外胚乳：乳白色，位于胚的外面，来源于珠心，由2～4层贮藏基本组织的细胞构成，含蛋白质和脂肪。上端有承珠盘，红褐色，近圆形，由合点端的珠心细胞壁增厚并木化或栓化后形成，下端有顶珠盘或珠心冠原，红褐色，近圆形，由珠孔端的珠心细胞壁增厚并木化或栓化后形成。胚：位于外胚乳内侧，由胚芽、胚根、胚轴和子叶构成。胚芽呈锥形突起；胚根长约0.5mm，位于胚轴的下端，与胚轴分界不明显；胚轴位于子叶着生处；子叶两片肥厚，含有大量的脂肪和蛋白质。

第三节　刺梨的生长习性

20世纪80年代，樊卫国等[15]就开始对贵州各地的野生刺梨进行系统的研究，总结出根、芽、枝、花的特点如下。

刺梨为浅根性果树，无自然休眠期，根系分布在土壤10～60cm处。一年内有3次生长高峰，第一次在3月下旬至4月初，这一时期发根数量最多；第二次在7月至8月，发根数量较少；第三次在9月下旬至10月中旬，发根数量较多。当土温在10℃以下时，根系生长缓慢，土温上升至10℃以上时，根的生长速度逐渐加快，达到25℃左右时，根系生长最旺盛。10月中旬后，土温降至18℃以下，根的生长速度减缓。

刺梨芽具有早熟性和异质性，萌发力很强，当年形成就能萌发生长，一年能抽生2或3次梢，因此，刺梨结果较早。据研究，在我国西南亚热带地区，刺梨芽1月下旬开始萌芽，2月下旬至3月上旬展叶，3月下旬抽一次梢。刺梨花芽为混合芽，先抽生结果枝，然后开花结果。2月下旬花芽开始分化，3月上旬进入分化高峰，4月上旬进入雌蕊分化期，4月中旬分化形成胚珠，5月上旬为开花盛期。

刺梨枝多数横展或斜生，层性弱，顶端优势和垂直优势均不明显，中部的侧枝生长势较旺，树冠中下部枝梢较密集，呈丛生状。当大枝受损或衰老时，隐芽便萌发形成生长枝，因此树冠的更新能力较强。刺梨的枝可以分为普通生长枝、徒长枝、结果母枝和结果枝。普通生长枝一般在35cm以下，当直径达到0.4cm时，容易转变成结果母枝；徒长枝长35～150cm，—般生长在树冠的基部大枝上或根茎处，有的一年可以抽2、3次梢；结果母枝长5～100cm，可由一年生枝或多年生枝形成且以一年生枝形成的为多；刺梨树冠上的结果枝长0.5～25cm，其中以15cm的坐果率为较高，可以连续结果，当年结果后便可形成结果母枝。

刺梨花有单花和花序，花序由3～7朵花组成。一般在3～4月现蕾，4月下旬至5月上旬开始开花，花期长达1个月左右，盛花期15d。刺梨花可自花授粉，也可异花授粉，但后者坐果率高，当外界温度低于13℃以下或在阴雨条件下时，花粉受精过程会受到影响，导致果实脱落。果实从幼果发育成熟需要90～110d，生长发育曲线为双“S”型。果实有2次生长高峰期，第一次为5月下旬至6月中旬，第二次为 7 月中旬至 8 月中旬，之后果实逐渐成熟。

2015 年汪凯莎对刺梨的生物学特征、营养价值和医疗保健价值进行研究，其生物学特征具体如下。生产习性：刺梨的树姿有密枝、直立、张开、树枝披散等类型。刺梨花的颜色以红色及白色较常见。果实中的种子数量差异比较大，5～70 颗不等。芽具有早熟性，萌芽能力和存活能力比较强。刺梨枝直接插入土壤可以存活，但是这种扦插技术形成的根系不发达，扎根较浅。结果习性：刺梨的结果周期一般不超过 3 年，大多数第 2 年就会开花结果。与其他繁殖方式相比，自根苗具有周期短的特点，次年就能开花结果。刺梨一般在侧枝结果，所以容易形成混合芽。此外，中枝、弱枝、二次枝等都可以开花。结果枝分为单花枝和花序枝，以单花枝数量偏多，花枝可以连续 3 年结果，然后枯萎。

1996 年万海清等从保靖县引进了一批野生刺梨植株，并分别对其物候期和结果习性进行了试验。物候期研究以 1995 年对 11 个单株的观察结果为依据，结果习性的调查以 10 个单株，每株固定 3 个枝组为观察对象，分别于同年 5 月下旬、6 月初、7 月初记录果数等果实生长动态，其研究结果如下。物候期：在湘北地区，刺梨物候期跨度较大，萌芽期出现在 3 月中旬，大约 5d 左右；开花期在 5 月中旬，持续 1 周左右；谢花期在 5 月下旬；果实 7 月中旬开始着色，8 月中下旬成熟，11 月底到 12 月初落叶。结果习性：刺梨极易成花，结果母枝几乎都能抽生结果枝。在结果枝顶端一般只有 1 个果实，但是经过特殊处理后，有的结果枝可以开 2 朵甚至更多的花。坐果率很高，谢花 1 周后有明显的落果高峰。如果在这一时期注意改善树体的营养条件，则可以减低落果的程度。研究结果显示，刺梨在谢花后 1～2 周内生长最快，到 6 月初变慢。

1990 年赵艳丽等对刺梨进行了引种试验，他们将来源于贵州的刺梨定植于开封县范村乡。该乡海拔 74m，地理位置东经 114°23′、北纬 34°47′、为黄河冲积扇形平原区。黄潮土，pH 值 8.5，有机质含量 2.093g/kg。1990～1995 年平均气温 14.2°C，极端最高气温 39.8°C，极端最低气温-15.7°C，年降水量 645.1mm，蒸发量 1307.9mm，日照时数 1907.2h，无霜期 214d。物候期：刺梨的生长可分为芽萌动期，展叶期，新梢生长期，现蕾期，花期，果实成熟期，落叶期。3 月中旬萌芽，4 月中旬现蕾，5 月始花，期间可达 8 月下旬，花期长达 114d，9 月下旬开始落叶。主干年生长量较小，周增长只有为 0.4cm，无明显的生长高峰。刺梨的萌芽力和成枝力较强，结果枝年生长量小，一年只有 1 次高峰，着生在结果母枝上，当年可以开花结果。3 月和 7 月叶面积年增长最快。开花时，花蕾着生在结果枝顶端，同一母枝的花朵自下而上开放。果实呈扁球形，密被刺毛。生长高峰期出现在 7 月中旬至 8 月下旬。幼果呈绿色，9 月上旬成熟时呈橙黄色，果形指数逐渐减小。

第四节　刺梨的环境适应性

1. 温度

贵州是刺梨的主产区，其野生资源、自然分布、产品品质情况较佳。2014 年叶光伟等的研究表明，刺梨喜光，适宜生长于温和气候下。其适应性栽培试验结果表明，在年平均气温 11.0～16.5°C，>10.0°C 的有效积温为 3100～5500°C 的地区，刺梨生长发育情况均良好。年均温度超过 17.5°C 时，刺梨生长衰弱、结果少而小，质量差。刺梨的枝能忍耐-10°C 左右的低温。刺梨已经萌动的芽和初展开的幼叶对低温的忍耐力弱，当气温降到 3～5°C 时则出现寒害。由于刺梨芽的萌动期较早，易受倒春寒或晚霜危害。胡明月等研究发现，刺梨具有一定的抗高温能力，在 38～42°C 的高温环境下也能正常生长，枝条延伸可达 2m 以上，但是高温干旱环境对植株和果实有影响。

1982 年王光明等将刺梨引入山东栽培，发现其喜温暖，凡在年均气温达到 12°C、10°C 以上活动积温 4400°C 以上、无霜期 180d 以上的地方均能生长。据记载，刺梨在-18.9°C 的低温条件下未受到冻害。

1984 年朱延钧将刺梨引入丹江口市，该市年平均气温为 15.9°C，7 月份平均气温 27.8°C，≥10.0°C 的有效积温为 4950°C，无霜期 253d。据研究者的观察，刺梨种子在 0～5°C 的条件下仍能继续发芽生长，越冬幼苗叶片呈莲座状、紫红色，当气温回升后，叶色变绿，植株生长加快。低温条件下，刺梨幼苗生长仍然正常即说明刺梨幼苗具有一定耐寒能力。

2. 水分

刺梨具有高度喜湿性，属喜湿植物。在我国野生刺梨的分布区，年降雨量大多在 1100mm 以上。据报道，陕西南部有少量的野生刺梨，但由于当地雨量较少，其生长发育状况远不如西南多雨湿润地区。在湿润环境中，植株生长健壮，枝多叶茂，高产，果大质优。在黄壤条件下，萎蔫系数为 22.67%，表明刺梨的抗旱力弱。当土壤干旱及空气干燥时，刺梨生长情况较弱，叶易枯黄脱落，结果少且果小、涩味重，尤其在干热条件下更严重。

刺梨的耐湿力强，在较潮湿的土壤中，也能正常生长结实。据胡明月等[1]的报道，刺梨耐旱性较弱，抗涝性却很强。在地面积水高度为 15～20cm、积水 2～3d 后，在刺槐、桃、杏等都被涝死的情况下，刺梨仅有部分叶片发黄，耐涝能力略低于杨柳。

在贵州，刺梨分布范围的年降雨量在800～1500mm，其中以降雨量1000～1300mm 的地区分布的野生刺梨最多。野生刺梨分布多与降雨量有关，据记载，黎平县年降雨量达1337mm，但是刺梨分布很少，很可能是因为该县夏秋两季干旱严重，不利于种子萌发。

3．光照

刺梨喜好阳光，为喜光果树，但不耐强烈的直射光，散射光最有利于其生长发育。当散射光充足时，树冠分枝多、生长强壮，花芽形成多，产量高、品质好。据报道，当其生长在郁闭度0.3～0.4的林地上，生长发育和开花结果情况均较好，3年平均树高可达2.16m左右，平均冠幅1.61m×1.32m左右，平均结果126粒左右，平均单果重14.5g左右，平均株产1.84kg左右。光照不足，则分枝少而纤细，内膛枝易枯死，产量低。在树荫下（郁闭度0.7）的刺梨，平均树高2m，平均冠幅1.12m×1.00m，平均结果28粒，平均单果重10.8g，株产0.3kg。在强光直射下，植株矮小，结果多，但果实小、果肉水分不足、纤维多，品质低劣。

根据文晓鹏等对刺梨的光合生理和叶片解剖研究表明：刺梨光合作用的最适光强在 35000～45000lx，当光强大于 45000lx 时，光合速率明显下降。刺梨的光合补偿点为 1000～1500lx，饱和点为 38000～40000lx，属 C_3 植物，光合速率在 12～20mgCO_2/（dm^2h）。在晴天中午、高温、强光和水分供应不足的情况下，气孔关闭，出现“休眠”的现象，刺梨的光合速率只有上午的 49%～60%。

4．土壤

刺梨对土壤的适应性较大，在 pH 值为 5.5～6.5 的微酸性土壤、砂壤土、黄壤、红壤、紫色土上都能栽培，在粗骨质土道黏土、砂土上也均能生长。在中性、微酸性的棕壤，山地褐土以及河潮土等土层湿润较厚的地方生长良好[11]。在钙质土壤中也能生长，但要求土层深厚、结构良好。刺梨耐瘠力弱，因此栽培时要求园地土壤的土层深厚、肥沃，保水保肥性强。在保水保肥性差的土壤上，刺梨植株生长能力弱、产量低、品质差。

丁小艳等对喀斯特山区刺梨种植地的土壤养分状况进行了研究，他们根据不同刺梨种植基地的土壤类型、海拔、经纬度、气候、种植面积和地域分布特点，分别以贵州省毕节市黔西县、毕节市七星关区和黔南州龙里县 3 个刺梨种植基地的土壤为研究对象，对其进行养分测定。喀斯特山区刺梨基地土壤处于弱酸到碱性环境，pH 值为 5.7～9.04，平均 pH 值 6.86；土壤的有机质含量在 52.75～151.79g/kg，平均为 96.8g/kg；土壤全氮和水解氮的平均含量分别为 0.16g/kg 和 0.02g/kg；全磷和有效磷的平均含量分别为 1.38g/kg 和 0.035g/kg，全钾和速效钾的平均含量分别为 16.4g/kg 和 0.10/kg。

5．海拔

刺梨分布在贵州山地海拔 300～1800m 的地区，其中以海拔 800～1600m 的地区分布最多。刺梨的生态最适带随地区平均海拔的升高而升高。如海拔较低的铜仁地区，刺梨多分布在海拔 800～1000m 的地带，其生长结果较好；黔中地区，一般以海拔 1000～1300m 的地带分布最多；毕节地区主要分布在海拔 1200～1600m 的地带。

1993 年彭友林等从保靖县梅花乡海拔 300m 的山地引进的野生刺梨二年生枝条，并成功栽培，说明刺梨适应性较强，在低海拔地区也能正常生长。据研究，海拔越高，刺梨物候相的起始期相应地要向后推迟，基本上符合海拔每升高 100m，其物候期推迟 2～4d 的物候定律[13]。

第五节　刺梨的野生资源分布状况

刺梨属野生植物，因其适应性强，易栽种，无须过高管理技术，土壤要求不严的特点而广泛分布于我国亚热带地区的陕西、甘肃、江西、安徽、浙江、福建、湖南、湖北、四川、云南、贵州、西藏等省区，也见于日本。在我国尤其以贵州、四川、云南、陕西、湖北、湖南分布面积大，产量多。仅贵州省鲜果年收购量可达 6000t。实际产量为 1000～1500t。刺梨是亚热带野生水果，喜温暖湿润的气候环境，要求年平均气温在 12～16°C，7 月平均气温在 20°C 以上，无霜期在 20d 以上，月平均气温稳定通过 10°C 的活动积温为 3500～5000°C 的地区才适宜生长。因其喜湿润环境，故要求年降雨量在 70mm 以上才适宜生长。刺梨的根系发达、侧根广，蓄水力强，固土作用好，对土壤的适应性较强，在较贫瘠的土壤中也能正常生长和开花结实，因此分布广泛。

贵州地处亚热带和北亚热带的范围，海拔300～1800m，年平均气温10.4～16.0°C。其中1月平均气温在2.0～7.0°C，7月平均气温大部分在20.1～25.9°C，东部、西部和南部边缘地区为26～28°C，西北部边缘为17.5～20.0°C。年降雨量为800～1500mm。贵州省各县均有刺梨分布，其资源十分丰富。据调查，贵州省86个县中，除咸宁县外，其余各县均有刺梨资源分布。在省的南部，东部和西部等边缘地方，刺梨资源较少，而以省中部较多，尤以毕节地区的大方、毕节、纳雍、黔西、织金、金沙、兴义、开阳、息峰、修文、安顺、盘县等地最多，是刺梨资源分布最密集、产量最高的地区，多分布于海拔1000～1600m 的山区和丘陵地带。

刺梨也是广西山区野生果资源之一，主要分布于秦岭以南的汉中和巴山低山丘陵区，如乐业、隆林、南丹以及凌云等县，其中以乐业县野生刺梨分布最广最多。野生刺梨适宜在海拔 800～1250m 的山区生长，700m 以下的地区虽有分布但数量少，海拔低于 300m 的地带几乎没有分布[1]。乐业县地处云贵高原边缘，县内从海拔 350m 的低热河谷到 1500m 高冷凉山区均有刺梨分布，是野生刺梨生长最适宜的地区。

陕西省刺梨资源主要分布在秦岭以南的汉中、安康地区，仅汉中地区年产就约 165 万 t。汉中地区位于秦巴山区西部，具有北亚热带气候特征。年均温度 13～15°C，年平均积温 4000～4800°C，年日照 1700h 左右，年降水量 750～1200mm，土壤 pH 值在 5～8.5 之间。该自然气候条件十分适宜刺梨生长。

湖北地区刺梨资源主要分布在鄂西地区，该地区位于云贵高原的东延部分，海拔 1000～2000m，年平均气温 14.5～15.5°C，气候条件与贵州刺梨集中分布区相似。

湖南地区主要分布在湘西、怀化两州市的大部分县及市，但大多数分布在海拔400～700m 的丘陵、岗地、田头、地边、溪谷河边。四川省刺梨主要分布于大巴山南坡的广元、南江、万源，以及川东南的江津、内江等地区。

第二章　刺梨的加工

刺梨含有丰富的营养物质，其中维生素 C 的含量极其高，有“VC 之王”的美称。虽然我国对刺梨的开发利用还在发展中，但目前市场上已有好多相关产品和研究报道。刺梨被广泛用于制作食品和药品等。

第一节　果品加工原料的预处理

果品制品的品质好坏，虽然会受到加工设备和技术条件的限制，但与原来加工的原料品质、成熟程度等因素更为密切，因此要根据不同的加工品有目的地选择原料。同一种原料，因品种（或种系）不同，加工效果有差异，即使是同一类的同一品种，由于产地不同，加工制作品质的优劣、加工出来产品的质量也不同，如加工梨脯，就要选用含水少、石细胞少的洋梨系统中品种。同一品种，因其产地产地区域不同，品质也不一样，如枣，因南方原料比北方好，故制出的蜜枣较北方酥松。不同的加工品，选择原料的成熟度也不同，如加工果脯、蜜饯要求果实生产成熟度在75%～85%，要以肉质丰富、组织紧密、含单宁量较少，色泽鲜明时为好。加工所用的原料必须新鲜、完整，否则果品一旦发酵变化就会有许多微生物浸染，造成果品腐烂，加工原料越新鲜完整，其营养成分保存度就越好、越多，产品质量也就越好。

果品加工原料的预处理包括选别，分级，洗涤，去皮，修整，切分，烫漂和护色等工序。尽管果品种类和品种各异，组织特性相差很大，加工方法也有很大的差别，但加工前的预处理过程却基本相同。

一、原料的分级

果品的分级可按照不同加工品的要求，采用不同的分级方式分级，包括大小分级、成熟度分级和色泽分级等。几乎所有的加工果品均需进行大小分级，分级的方法有手工分级和机械分级。剔除不合乎加工条件的果品，包括未熟或过熟的，已腐烂或长霉的果品，还有混入果品原料内的沙石、虫卵和其他杂质，从而保证产品的质量。原料进行预先的剔选分级，有利于每一级的机械去皮、热烫、去囊衣的工艺条件，保证以后工艺处理的一致性，使其具有良好的质量和数量。

在我国，按成熟度分级常用目视估测的方法进行。在果品加工中，桃、梨、苹果、杏、樱桃等常先按成熟度分级。大部分目视分成低、中、高 3 级，以便能合理地制定后续工序。

按色泽分级与按成熟度分级在大部分果品中是一致的，一般按色泽的深浅分开。除了在预处理以前分级外，大部分罐藏果品在装罐前也要按色泽分级。

按大小分级是分级的主要方法，几乎所有的加工果品均需按大小分级。其方法有手工分级和机械分级 2 种。

1．手工分级

在生产规模不大或机械设备较差时常用手工分级，同时可配备简单的辅助工具，如圆孔分级板、蘑菇大小分级尺等。分级板由在长方形板上开不同孔径的圆孔制成，孔径的大小视不同的果品种类而定。通过每一圆孔的算一级，但不应往孔内硬塞下去，以免擦伤果皮。另外，果实也不能横放或斜放，以免大小不一。

2．机械分级

采用机械分级可大大提高分级效率，且分级均匀一致，目前常用的机械有：

（1）滚筒式分级机

主要部件为滚筒，实际上是一个圆柱形的筒状筛，用 1.5～2.0mm 的不锈钢板冲孔后卷成。其上有不同孔径的几组漏孔，原料从进口至出口，后组的孔径逐渐比前组增大。每组滚筒下装有集料斗，当果实进入时，小于第 1 组孔径的果实，从第 1 级筒筛落入料斗，此为一级，余类推。滚筒式分级机适用于山楂、蘑菇、杨梅。

（2）振动筛

是常用的果实分级机械，多数水果可利用此机分级。本身为带有孔的金属板，用铜或不锈钢制成，操作时，机体沿一定方向作往复运动，出料口有一定的倾斜度。因机体摆动和倾斜角的作用，筛面上的果实以一定速度向前移动，在移动过程中进行分级。小于第 1 层筛孔的果实，从第 1 层筛子落入第 2 层筛子，余类推。大于筛孔的果实，从各层的出料口挑出，为一级，每级筛子的出料口都可得到一级果实。适用于一些圆形果实，如苹果、梨、李、杏、桃、柑橘等。使用和购买时应注意筛孔的大小与果实大小是否相符。

（3）分离输送机

为一种皮带分级机，其分级部分由若干组成对的长橡皮带构成，每对橡皮带之间的间隙由始端至末端逐渐加宽，呈“V”形。果实进入输送带始端，2 条输送带以同样的速度带动果实往末端动，带下装有各档集料斗，小的果实先落下，大的后落下，以此分级。此种设备操作简单、效率高，适合于大多数果品的分级。缺点是调整较费时，分级不太严格。

除了各种通用机械外，果品加工中还有许多专用的分级机械，如橘瓣分级机和菠萝分级机等。

二、原料的清洗

果品原料清洗的目的在于洗去果实表面附着的尘土、泥沙和大量的微生物，以及部分的化学农药，使产品清洁卫生，从而保证产品品质。洗涤时常在水中加入盐酸、氢氧化钠、漂白粉和高锰酸钾等化学试剂，既可减少或除去农药残留，还可除去虫卵，降低耐热芽孢的数量。近年来，更有一些脂肪酸系的洗涤剂如单甘油酸酯、磷酸盐、糖脂肪酸酯和枸橼酸钠等应用于生产。

果品清洗的方法须根据果品形状、质地、表面状态、污染程度、夹带泥土量，以及加工方法而定。主要可分为手工清洗和机械清洗 2 大类。

1．手工清洗

简单易行，设备投资少，适用于任何种类的果品，但劳动强度大、非连续化作业、效率低。但对于一些易损伤的果品如杨梅、草莓和樱桃等，比较适宜。

2．机械清洗

清洗果品的机械种类较多，有适合于质地比较硬和表面不怕机械损伤的李、黄桃、甘薯等原料的滚筒式清洗机；适于生产、柑橘汁等连续生产线中常用的喷淋式清洗机。因此，应根据生产条件、果品形状、质地、表面状态、污染程度、夹带泥土量以及加工方法而选用适宜的清洗设备。清洗用水应符合饮用水标准。

三、果品的去皮

凡是果皮粗糙、坚硬，具有不良风味的果品原料均应去皮，以利于提高品质，只有在加工某些果脯、蜜饯、果汁和果酒时，因要打浆和压榨，才不用去皮。果品去皮方法有如下 7 种。

1．手工工艺

用特别的刀、刨等工具人工剥皮。该方法去皮干净、损失少，但劳动效率低。常用于柑橘、苹果、梨、柿和枇杷等。

2．机械去皮

如旋皮机，主要用于比较规则的果品原料，苹果、梨、柿和菠萝等。

3．碱液去皮

是利用碱液的腐蚀性来使果品表面中的胶层溶解，从而使果皮分离。碱液去皮常用氢氧化钠，腐蚀性强且价廉，常在碱液中加入表面活性剂如 2-乙基己基磺酸钠，使碱液分布均匀以帮助去皮。使用碱液去皮时碱液的浓度、处理的时间和碱液温度，应视不同果品的种类、成熟度、大小而定。碱液浓度提高，处理时间长及温度高都会增加皮层的松离及腐蚀程度。经碱液处理后的果品必须立即在冷水中浸泡、清洗、反复换水，直至表面无腻感、口感无碱味为止。漂洗必须充分，否则可能导致 pH 值上升，杀菌不足，使果品品质损坏。

4．热力去皮

果品用短时高温处理后，使表皮迅速升温，果皮膨胀破裂，与内部果肉组织分离，然后迅速冷却去皮，适用于成熟度高的桃、李和杏等。热去皮的热源主要有蒸汽和热水。热力去皮的特点是原料损失少，色泽好，风味好。

5．酶法去皮

在果胶酶的作用下，使柑橘囊瓣中的果胶水解，脱去囊衣。该法的关键是要掌握酶的浓度，以及酶的最佳作用条件如温度、时间、pH 值等。

6．冷冻去皮

将果品在冷冻装置中冻至轻度表面冻结，然后解冻，使果皮松弛后去皮。冷冻去皮适用于桃、杏和番茄等，质量好但费用高。

7．真空去皮

将成熟的果品先行加热，使升温后的果皮与果肉易分离，接着进入有一定真空度的真空室内，适当处理，使果皮下的液体迅速“沸腾”，皮与肉分离，然后破除真空，冲洗或搅动去皮。适用于成熟的桃和番茄等。

果品去皮的方法很多，且各有其优缺点，应根据实际的生产条件、果品的状况而采用。而且许多方法可以结合在一起使用，如碱液去皮时，为了缩短浸碱或淋碱时间，可将原料预先进行热处理，再行碱处理。

四、果品原料的切分、去核、修整和破碎

体积较大的果品原料在罐藏、干制、加工果脯和蜜饯时，需切分和去核。有时为了使原料加工后保持良好外观，还要进行修整。切分的形状根据产品的标准和性质而定。果酒、果品汁等制品，加工前需破碎果品原料，使之便于压榨或打浆，提高取汁效率。核果类加工前需去核，仁果类则需去心，有核的柑橘类果实制罐时需去种子，枣、金柑和梅等加工蜜饯时需划缝、刺孔。

罐藏果品或果脯、蜜饯加工时为了保持良好的外观形状，须对果块在装罐前进行修整，以便除去果品碱液未去净的皮、残留于芽眼或梗中的皮和部分黑色斑点以及其他病变组织。这些都需要一些专用的小型工具，如山楂、枣的通核器；匙形的去核心器；金柑、梅的刺孔器等和专用机械，如劈桃机、多功能切片机、专用切片机。果品的破碎常由破碎打浆机完成，刮板式打浆机也常用于打浆、去籽。制造果酱时果肉的破碎也可采用绞肉机进行，果泥加工还用磨碎机或胶体磨。葡萄的破碎、去梗、送浆联合机为葡萄酒厂的常用设备，成穗的葡萄送入料斗后，经成对的破碎辘破碎、去梗后，再将果浆送入发酵池中，自动化程度很高。

五、果品的烫漂

烫漂是将已切分的或其他预处理的新鲜原料放入沸水或蒸气中进行短时间的处

理。烫漂可加热钝化酶，改善组织和色泽；软化或改进组织结构；稳定或改进色泽；除去果品的部分辛辣味和其他不良气味；降低果品中污染物和微生物数量。为了保护绿色果品的色泽，常在烫漂的水内加入碱性物质，如碳酸氢钠、氢氧化钙等，但这样维生素 C 损失大。果品烫漂的程度应根据果品的种类、块形、大小、工艺要求等条件而定。烫漂后的果品要及时浸入冷冰中，防止过度受热后组织变软。

（一）热水烫漂

热水烫漂的优点是物料受热均匀，升温速度快，方法简便；缺点是可溶性固形物损失多。在热水烫漂的过程中，其烫漂用水的可溶性固形物浓度随烫漂的进行不断加大，且浓度越高，果品中的可溶性物质开始时损失较多，以后则损失逐渐减少。故在不影响烫漂外观效果的条件下，不应频繁更换烫漂用水。加工罐头用的果品也常用糖液烫漂，同时兼有排气作用。为了保持绿色果品的色泽，常在烫漂水中加入碱性物质，如碳酸氢钠、氢氧化钙等。但此种物质对维生素 C 的损失影响较大。葡萄干常用碳酸钾，氢氧化钠和植物油的混合液或亚硫酸盐与植物油的混合液进行烫漂。果品烫漂可用手工在夹层锅内进行，现代化生产常采用专门的连续化预煮设备，依其输送物料的方式，目前主要的预煮设备有链带式连续预煮机和螺旋式连续预煮机等。

（二）蒸气烫漂

近年来，对果品的热烫方式研究甚多，应用蒸汽烫漂的方法钝化酶效果很好。可将将果品置于温度高达 150°C、风速 107m/s 的热风隧道中短时间处理。蒸气烫漂方法没有常规烫漂所排出的大量废水，成本低 30%，且果品营养成分保存得很好。

六、护色

果品加工过程中，将原料去皮、切分、破碎、和空气接触，以及高温处理，都可能促进化学变化，生成有色粉质，其中包括酶褐变和非酶褐变。去皮和切分之后，与空气接触会迅速变成褐色，从而影响外观，也破坏了产品的风味和营养品质。这种褐变主要是酶促褐变，由于果品中的多酚氧化酶氧化具有儿茶酚类结构的酚类化合物，最后聚合成黑色素所致。

（一）防止酶促褐变方法

（1）选择含单宁、酪氧酸少的加工原料，如柑橘、莓类。

（2）控制氧气的供给，创造缺氧环境。如抽真空，抽气充氮，使用石氧剂等。

（3）钝化酶可采用热烫、食盐溶液浸泡、亚硫酸盐溶液浸泡（2%～3%）和硫溶液浸泡等。

（二）防止非酶褐变的办法

（1）选用氨基酸和还原糖含量少的加工原料。

（2）应用二氧化硫处理，防止非酶褐变和酶促褐变。

（3）应用热水烫漂。

（4）保持酶性条件可使糖分解慢，从而抑制有色物质形态。

（5）保持产品水分含量低，贮藏环境保持低温干燥。

第二节　刺梨饮料的加工与应用

一、果品汁加工

（一）概念

果品除了可以做成可口的菜肴外，还可以制成富含抗氧化物的果汁饮品。果汁是指以新鲜或冷藏果品为原料，经加工制得的果品汁液制品，以及在果汁或浓缩果汁中加入水、糖液、酸味剂等，经调制而成的可直接饮用的饮品（果汁含量不低于10%）。果汁含有人体所需的各种营养元素，特别是维生素 C 的含量更为丰富，能防止动脉硬化，抗衰老，增加机体的免疫力，是深受人们喜爱的一种饮品。我国生产的果汁有柑橘汁，菠萝汁，葡萄汁，苹果汁和番石榴汁等。

果汁的分类有许多方法，根据 GB10789—1996 饮料的分类标准可以将果汁分为以下 9 类。

1. 果汁

果汁是采用机械方法将果品加工制成未经发酵但能发酵的汁液，具有原果品果肉的色泽、风味和可溶性固形物含量；采用渗滤或浸取工艺提取果品中的汁液，用物理方法除去加入的水量，具有原果品果肉的色泽、风味和可溶性固形物含量；或是在浓缩果汁中加入果汁浓缩时失去的天然水分等量的水，制成的具有原果品果肉的色泽、风味和可溶性固形物含量制品。含有 2 种或 2 种以上果汁的制品称为混合果汁。

2. 果浆

果浆是采用打浆工艺将果品或果品的可食部分加工制成未发酵但能发酵的浆液，具有原果品果肉的色泽、风味和可溶性固形物含量；或是在浓缩果浆中加入果浆在浓缩时失去的天然水分等量的水，制成的具有原果品果肉的色泽、风味和可溶性固形物含量的制品。

3．浓缩果汁

浓缩果汁是采用物理方法从果汁中除去一定比例的天然水分制成具有果汁应有特征的制品。

4．浓缩果浆

浓缩果浆是用物理方法从果浆中除去一定比例的天然水分制成具有果浆应有特征的制品。

5．果肉饮料

果肉饮料是在果浆（或浓缩果浆）中加入水，糖液，酸味剂等调制而成的制品。成品中果浆含量不低于 30%（m/v）；用高酸、汁少肉多或风味强烈的水果调制而成的制品，成品中果浆含量不低于 20%（m/v）。含有 2 种或 2 种以上果浆的果肉饮料称为混合果肉饮料。

6．果汁饮料

果汁饮料是在果汁（或浓缩果汁）中加入水，糖液，酸味剂等调制而成的清汁或浑汁制品。成品中果汁含量不低于 10%（m/v），如橙汁饮料、菠萝汁饮料、苹果汁饮料等。含有 2 种或 2 种以上果汁的果汁饮料称为混合果汁饮料。

7．果粒果汁饮料

果粒果汁饮料是在果汁（或浓缩果汁）中加入水，柑橘类的囊胞（或其他果品经切细的果肉等），糖液，酸味剂等调制而成的制品。成品果汁含量不低于10%（m/v）；果粒含量不低于5%（m/v）。

8．水果饮料浓浆

水果饮料浓浆是在果汁（或浓缩果汁）中加入水、糖液、酸味剂等调制而成的、含糖量较高，稀释后方可饮用的制品。成品果汁含量不低于 5%（m/v）乘以本产品标签上标明的稀释倍数。含有 2 种或 2 种以上果汁的水果饮料称为混合水果饮料浓浆。

9．水果饮料

水果饮料是在果汁（或浓缩果汁）中加入水，糖液，酸味剂等调制而成的清汁或浑汁制品。成品中果汁含量不低于5%（m/v），如橘子饮料、菠萝饮料和苹果饮料等。含有2种或2种以上果汁的水果饮料称为混合水果饮料。

（二）加工工艺

制作各种不同类型的果品汁，主要在后续工艺上有区别，果品汁的基本工艺流程为：原料选择→洗涤→榨汁或浸提→粗滤→原果汁→澄清、过滤→调配→杀菌→装瓶→澄清果汁。

1．原料的选择

选择优质的制汁原料，要求原料新鲜，无病虫害，无腐烂；有良好的风味和芳香物质，色泽稳定、酸度适中，并在加工和贮藏过程中仍能较好的保持其优良品质；汁液丰富，取汁容易，出汁率较高。

2．原料的洗涤

用符合饮用水标准的流动清水冲洗。对于一些农药残留量大、微生物污染严重的原料，可先用药物浸泡，即用 0.05%～0.1%的高锰酸钾溶液或 0.06%的漂白粉溶液先浸漂 5～10 分钟，再用清水洗净。

3．榨汁和浸提

（1）榨汁前预处理。可以采取破碎打浆，加热和加果胶酶 3 种方法提高出汁率。

（2）榨汁。榨汁是加工果品汁的重要生产环节。生产上常采用压榨取汁法和浸提取汁法。

1）压榨取汁法。对于果汁含量丰富的果品，大都采用压榨法来提取果汁，压榨时间和压力对产品出汁率和质量影响较大。过高的压力和长时间的压榨，会降低产品质量；过小的压力和短时间压榨，会使生产成本加大。所以控制适宜的压力和时间对产品的质量尤为重要。果品压榨取汁的最佳压力范围为 1.0～2.0MPa。压榨时为了增加压榨效率，也可加入一些疏松剂以提高出汁率。

2）浸提取汁法。对于含汁量较少的原料，如山楂等可采用加水浸提的方法来提取果汁。浸提就是把果品细胞内的汁液转移到液态浸提介质的过程。浸提的原理是将破碎的果品原料浸于水中，由于果品原料中的可溶性固形物含量与溶剂之间存在浓度差，果品细胞中的可溶性固形物就要透过细胞进入浸提介质中。一般浸提的温度条件是 60～80°C，一次浸提时间是 1.5～2.0h，多次浸提时间是 6～8h。

4．粗滤

粗滤又称筛滤。对于混浊果品汁要在保存色粒以获得色泽、风味和香味特性的前提下，主要去除分散于果品汁中的粗大颗粒和悬浮物等。对于透明果品汁，粗滤后还需进行澄清处理后再过滤，以除去全部悬浮颗粒。生产上粗滤常安排在榨汁的同时进行，也可在榨汁后独立操作。

5．果汁的澄清和过滤

（1）澄清

由于电荷中和、脱水和加热都足以引起胶粒的聚集沉淀，一种胶体能激化另一种胶体，并使之易被电解质所沉淀，混合带有不同电荷的胶体溶液，能使之共同沉淀，所以要对榨汁后的果汁进行澄清。常用的澄清剂有明胶，皂土，单宁和硅溶胶等。

果汁澄清可以采取以下的方法：

1）自然澄清法。将果汁长时间静置，也可以澄清果汁中的悬浮物。这是由干果胶物质逐渐被水解，蛋白质和单宁等逐渐形成不溶性的单宁酸盐所致。但所需时间较长，果汁易败坏。

2）明胶单宁澄清法。利用单宁与明胶或鱼胶、干酪素等物质络合形成明胶单宁酸盐络合物，来澄清果汁。此外，果汁中的果胶、纤维素、单宁及多缩戊精等带有负电荷，在酸性介质中明胶带果汁中带负电荷的胶状物质和带正电荷的明胶相互作用，凝结沉淀，使果汁澄清。

3）加酶澄清法。利用果胶酶制剂水解果汁中的果胶物质，使果汁中其他胶体失去果胶的保护作用而共同沉淀。澄清果汁时，酶制剂的用量根据果汁的性质、果胶物质的含量及酶制剂的活力来决定，一般加量为果汁重量的0.2%～0.4%。酶制剂可在榨出的新鲜果汁中直接加入，也可在果汁加热杀菌后加入。

4）冷冻澄清法。在-4～-1℃的条件下冷冻3～4d，解冻时可使悬浮物形成沉淀。雾状混浊的果汁经过冷冻后容易澄清。冷冻会改变胶体的性质，而在解冻时形成沉淀，适用于苹果汁的加工。

5）加热凝聚澄清法。在80～90s内加热至80～82℃，然后快速冷却至室温，果胶物质因温度剧变而变性，凝固析出。

（2）过滤

果汁不论采用哪一种澄清法，澄清后都必须进行过滤，以分离其中的沉淀和悬浮物，使果汁澄清透明。常用的过滤装置有板框式过滤器，袋滤器，离心分离装置和真空过滤器等。过滤材料有帆布、不锈钢丝布，纤维，石棉和硅藻土等。

6．果汁的均质和脱气

（1）均质

均质是浑浊果汁生产中的特殊要求，多用于玻璃瓶包装的产品，马口铁包装的罐装产品很少采用。冷冻贮藏果汁和浓缩果汁无须均质。高压均质机是最常用的机械。所用的均质压力随果品种类而异，一般在15～40MPa。重复均质有一定的作用。超声波均质机也是一种可应用的均质设备。

（2）脱气

果汁中存在大量的氧气，氧气能使果汁中的维生素C遭破坏，氧气与果汁中的各种成分反应而使香气和色泽恶化，会引起马口铁罐内壁腐蚀，在加热时更为明显。脱气的方法有加热、真空法、化学法和充氮置换法等，且常结合使用。

7．果汁的糖酸的调整和混合

绝大多数果汁成品的糖酸比为（13:1）～（15:1），为使果汁符合一定要求和改进风味，常需要适当调整。调整后应使果品汁的风味接近新鲜果品，调整范围主要为糖酸比例的调整，以及香味物质、色素物质的添加。可在鲜果汁中加入适量的砂糖和食用酸，如枸橼酸和苹果酸。

8．果汁的杀菌和包装

（1）杀菌

果汁及饮料的杀菌工艺正确与否，不仅影响到产品的保藏性，而且影响到产品的质量。果品中存在着各种微生物（细菌、真菌和酵母菌），会使产品腐败变质；同时还存在着各种酶，会使制品的色泽、风味和形态发生变化。果汁杀菌的目的一是消灭微生物，防止发酵；二是破坏酶类，以免引起种种不良变化。在进行杀菌时，还要考虑产品的质量如风味、色泽、营养成分等不能受到太大的影响，因此杀菌温度和杀菌时间是 2 个重要的参数。不同的果品汁 pH 值差别很大，因此杀菌条件也会有很大的不同。果品汁杀菌工艺的选择原则是既要杀死微生物，又要尽可能减低对产品品质的影响。最常用的方法是高温瞬时杀菌，即在 93°C 时进行杀菌，杀菌时间为 15～30s。

（2）包装

果汁杀菌后的灌装有高温灌装（热灌装）和低温灌装（冷灌装）2 种。碳酸饮料一般采用低温灌装；果汁饮料，除纸质容器外，几乎都采用热灌装。

二、刺梨饮料的加工

（一）刺梨原汁

刺梨不仅富含维生素 C、维生素 D、维生素 E 等多种维生素，同时还含有胡萝卜素、糖、酸等多种化合物，以及 SOD、酶类等活性物质。刺梨具有独特的香味，深受大多数人的喜爱，故将其制作饮料，可满足大多数人的需求。

制作[17]刺梨果汁时，刺梨的成熟度对饮料的口感、质量有重要的影响。未成熟的青色刺梨香味淡，维生素含量和糖分较低，酸涩味重；而过熟的刺梨中的维生素 C 和芳香物质对果实的破坏较大，过熟的果实易腐烂变质，难以保存，而且果子过熟会影响果汁的味道。若想要刺梨饮料美味可口，要求加工的果实最好为青黄色，应剔除未熟的、过熟的、变质的、腐烂的果子。

刺梨表面有刺毛，果肉内含有大量的种子和刺毛，采用直接压榨法，可能会导致出汁量少、维生素 C 的含量低、营养物质少等问题，而且色素多存在于有色体内，溶解度小、不易随汁压出，故直接压榨会使果汁色、香、味不足，残留在果子内的营养物质太多，造成浪费。宋淑贤等[18]使用浸提法进行萃取，通过分次浸提将刺梨中的可溶性物质提出，第一次浸提出果实中可溶性物质的 95%，第二次将残留在果实中的 5%可溶性物质再浸提出 95%。结果表明，此方法与直接压榨相比，对糖类的浸提可提高 5～6 倍。

刺梨鲜果[19]含有大量的糖类、果胶质、酚类物质，在对刺梨进行破碎、压榨取汁的加工储存过程中，果汁容易产生二次沉浊和氧化褐变。刺梨汁的澄清，对于确保刺梨的稳定性、控制氧化褐变、延长保质期、提高其营养价值和保持良好的口感具有非常重要的作用。常用的澄清方法[20]有酶法、明胶法、可溶性甲壳质法、JA 澄清法、壳聚糖法、超滤法和树脂吸附法等，对于刺梨果汁的澄清有一定的作用，其中 JA 澄清法和可溶性甲壳质法效果较好，受到众多学者的关注和研究。实验证明，此 2 种方法对于果胶去除率都高达 100%，可使单宁类物质减少 40%。

刺梨含有较多的单宁物质，口味酸涩、颜色褐变，影响感官效果。梁芳等[21]以刺梨原汁为原料，探讨不同的添加剂对刺梨果汁中的单宁、维生素 C、黄酮含量和超氧化物歧化酶（SOD）活性的影响。通过对壳聚糖、羧甲基壳聚糖、聚乙烯吡咯烷酮（PVPP）和明胶这 4 种添加剂的研究可知在刺梨加工过程中加入 0.4g/100mL 的壳聚糖溶液，能有效去除单宁物质、改善果汁口感，且壳聚糖还能有效地保持单宁物质、维生素 C 和 SOD 的活性。

刺梨原汁饮料富含维生素C，营养价值高，但是对于其加工方法、感官的改进工作还需继续进行研究。

（二）刺梨复合饮料

（1）刺梨、火棘复合饮料

蔡金腾等[22]介绍介绍了刺梨、火棘复合果汁饮料的加工方法。刺梨的肉质较粗糙、粗纤维较多，鲜果直接食用口感差，故加工成饮料较能被大众接受，但是刺梨因其香味物质中缺少香味浓烈的酯类，制作出来的果汁饮料多香味较淡；而单独火棘制作出来的饮料虽香味较浓郁，但维生素含量偏低。将刺梨和火棘加工制成混合饮料，则可以互补，火棘弥补了刺梨香味偏淡的缺点，刺梨又提高了果汁的营养价值，可以生产出口感好，营养物质丰富的刺梨、火棘混合果汁饮料。

（2）刺梨、红子、金樱子复合饮料

吴拥军等[23]介绍了刺梨、红子、金樱子复合饮料的研制。红子中的维生素 C 含量较刺梨低，金樱子中的维生素 C 在加工过程中容易被破坏而失活。有报道称，刺梨中的 SOD 在85°C 下5min 就会失活，而红子中的 SOD 在>85°C 时不易失活。3种果实香味又各不相同，营养物质上又可以互补，3者按适当的比例混合则可以加工出香味奇特、口感适宜、营养价值高的混合饮料。

（3）刺梨、芦荟复合饮料

郭军等[24]介绍了以刺梨和芦荟为原料的保健复合饮料的研制。刺梨含有维生素 C、蛋白质、氨基酸等丰富的营养物质，经研究还含有天然超氧化物歧化酶（SOD）等抗氧化的酶类。大量科学研究显示，刺梨汁具有抗癌、抗衰老、降血脂、解铅毒、增强细胞免疫等多种重要的生理功能，对人体有很大的好处。芦荟中的化学组成中，有效成分芦荟宁、芦荟皂苷、芦荟苦素、芦荟大黄素、芦荟多糖的含量很高，芦荟中还含有氨基酸、有机酸、微量元素等。对芦荟的研究表明，它具有杀菌、抗炎、防晒美容、解毒、强心活血、促进血液循环等作用。2 者相混合，不但营养价值高、口感好，而且具有保健的作用，可能会对疾病有治疗的作用。

（4）刺梨、松花粉复合饮料

刘敏等[25]介绍了刺梨、松花粉复合饮料的研制。由于刺梨风味较苦涩，为使其口味能被人所接受，所以制作刺梨饮料时，其用量会适当减少，结果就会使其保健功效大大降低，使得刺梨的营养价值也会大打折扣，对于刺梨的发展也有所制约。松花粉是我国药食两用的传统花粉品种，松花粉作为生命的遗传物质，富含多种营养物质，包括蛋白质、氨基酸、酶、维生素等，被誉为“完全营养花粉”的松花粉具有延缓衰老、抗肿瘤、调节胃肠道菌群、保护肝脏等多种生理功能。松花粉的开发具有悠久的历史，“松花酒”“松花饼”等都是松花粉的加工产物。随着科学的进步和对松花粉的不断研究，松花粉可以应用于很多领域，将刺梨与松花粉混合加工成具有保健功能的饮料，对刺梨产品扩展领域有促进作用，而且刺梨和松花粉都具有明显降血压、降血脂的作用，二者结合，将生产出营养高、功能强的保健型饮料。

（5）野生刺梨、甜橙、苹果、南瓜复合饮料

朱庆刚等[26]介绍了以野生刺梨、甜橙、苹果、南瓜为原料的复合饮料。刺梨果实中单宁物质多，单一刺梨果汁较苦涩，口感差，甜橙、苹果、南瓜中单宁物质少，口感较好，且具有不同的香味，相互调和则可以制作出口感极佳、香味浓郁的混合饮料；营养方面则是多种果实的结合，可以实现一种饮料代替多种水果的目的，便利又实用。

（6）刺梨、鱼腥草、南瓜复合饮料

吴天祥等[27]介绍了以鱼腥草为主料，刺梨和南瓜为配料的复合饮料的研制。鱼腥草作为野生蔬菜，具有抗菌、提高免疫力、食疗保健的作用，但是由于其味较腥，大多数人不能接受，故将其与刺梨、南瓜相混合加工成饮料，能够掩盖其味道，使饮料的口感得到改善，并能提高营养价值，有利于鱼腥草的开发利用和发展。

（7）刺梨、芦笋蔬菜汁

李万勇[28]介绍了以刺梨、芦笋为原料的蔬菜汁的研制。芦笋作为一种蔬菜，含有丰富的蛋白质、维生素等营养物质，与刺梨相结合，可以使蔬菜汁呈现不同的风味，丰富了人民的饮食生活，使得芦笋汁更易被人们所接受。

（8）刺梨、绿豆芽果蔬复合饮料

丁筑红[29]介绍了刺梨、绿豆芽果蔬复合饮料的加工工艺。绿豆芽是绿豆在一定条件下培养出来的嫩芽，是一种为大众所喜欢的蔬菜，绿豆芽富含多种维生素、矿物质和丰富的膳食纤维，营养价值很高，但由于豆芽类在原料上的特殊性，使得绿豆芽在其他领域的开发利用受到一定的限制。选用色香味俱佳的刺梨与口味独特却香味欠佳的绿豆芽进行合理搭配，二者互补，生产出来的饮料不仅富含刺梨和绿豆芽的营养，还色、香、味俱佳，为绿豆芽的加工利用提供了启发。

（9）刺梨、菊花、草莓复合果汁饮料

朱庆刚等[30]采用刺梨、菊花、草莓为原料制成浑浊型复合饮料。刺梨富含维生素，营养价值高；菊花具有宜人的芳香，其香气有疏风、平肝的功效，对于头痛有辅助治疗作用；草莓口感好，颜色鲜艳喜人，风味宜人，深受大众的喜爱。将 3 种果实相互搭配制成饮料，既有刺梨的高营养、菊花的芳香，又有草莓的味道，是色香味俱全的饮品，必将受到消费者的追捧。

（10）刺梨、桦树汁复合饮料

陈铁山[31]介绍了以刺梨、桦树汁为原料的复合饮料。桦树汁含有多种糖、氨基酸、维生素、酶、芳香物质、皂苷，以及桦芽醇、生物素等生物活性物质，营养价

值高，还具有医疗保健作用。由于桦树汁中的香味物质含量较低，加工成饮料后口味较单一、气味偏淡。而刺梨果汁富含较高的维生素C，有独特的果汁口味，与桦树汁相搭配，不仅可以改善果汁的口味，使其更可口，还能增加营养成分。

（11）火棘、刺梨、胡萝卜复合果蔬饮料

余红英等[32]介绍了以火棘、刺梨、胡萝卜为原料，研制营养丰富的复合饮料的工艺。火棘营养成分丰富，含有维生素 C、维生素 B、维生素 E 以及多种微量元素，还含有蛋白质、氨基酸，特别是人体所必需的氨基酸，如蛋氨酸、赖氨酸，其含量比其他的水果高。胡萝卜素来就有“小人参”的美称，是一种质脆、味道鲜美、营养丰富的家常蔬菜，富含挥发油、糖类、胡萝卜素等多种营养成分，具有祛痰、消食、防止血管硬化、降低血压、益肝明目、美容美颜等食用功效。单独加工而成的刺梨饮料维生素 C 含量虽高但香味偏淡，单独加工的火棘果汁口感好、香味浓郁但维生素 C 的含量偏低，将 3 者混合加工成混合饮料，对于目前社会上出现的血压偏高、视力下降、维生素缺乏等现象，该复合饮料有望改善这一情况，同时也增加了国内复合饮料的品种。

（12）刺梨、魔芋复合饮料

蔡金腾等[33]介绍了以刺梨汁为主要原料，魔芋精粉为辅料的混合饮料的研制。魔芋的利用部位通常是扁球形的地下块茎，魔芋块茎的主要成分是葡甘聚糖（KGM），葡甘聚糖是一种优良的膳食纤维，不能被人体消化吸收，它可以促进肠胃蠕动，帮助人体对蛋白质进行消化吸收，还可以消除心血管壁上的脂肪沉淀物，通常魔芋被认为是减肥时的理想食品。将刺梨汁与魔芋相混合加工，将生产出既有营养、又有减肥效用的饮料，必将受到消费者的喜欢。

（13）刺梨、马蹄复合果汁饮料

吴翔等[34]介绍了以刺梨、马蹄为原料的复合饮料的研制。马蹄的可食用块茎含有钙、磷、维生素、胡萝卜素等营养成分，除此之外还含有一种抗菌成分——马蹄英，因而马蹄还有消热化痰、消积的药用功效，是一种既有营养性又具保健性的食品。将马蹄与刺梨相搭配，相比于其他饮料，别有一番风味。

（14）刺梨、蒲公英复合果汁

谭书明等[35]介绍了以刺梨、蒲公英为原料的复合果汁的研制。蒲公英是一种野生植物，含有蒲公英留醇、蒲公英素、蒲公英多糖、蒲公英苦味素、胆碱等多种健康营养成分，具有清热解毒、利尿、抗菌、消炎等功效。蒲公英中的维生素 C 含量较低，与刺梨相配合，能够弥补这一缺点，从而加工出集风味性、营养性、保健性为一体的健康型饮料。

（15）刺梨、芹菜复合饮料

谢曼曼等[36]介绍了以刺梨、芹菜为原料的复合果汁的研制。芹菜是家庭中经常食用的蔬菜，芹菜的营养价值很高，富含蛋白质、氨基酸、维生素以及多种人体所需要的矿物元素，具有平肝清热、抗炎、抗氧化、抗癌等多种功效。对于预防高血压、动脉硬化等都有很大的益处，并且还能起到辅助治疗的作用。刺梨和芹菜在功效上有一定的相似之处、都有抗癌、抗氧化的作用，芹菜本身固有的辛味，与刺梨搭配后，也能得到一定的调和，摆脱了芹菜因辛味在单一果蔬汁上的芹菜用量的限制，合理的用量搭配能使两者在功能上得到加强，从而制作出口感好、营养高的果汁饮料。

（16）刺梨、椪柑复合饮料

刘春荣等[37]介绍了以刺梨、椪柑为原料的复合果汁的加工制作。椪柑又名芦柑，是常食的水果之一，其易剥、味道鲜美、酸甜适宜、汁液较多，是生产“果粒橙”的优质原料。椪柑中富含胡萝卜素、膳食纤维、果胶等多种活性成分，以及钙、铁、磷、柠檬酸等营养元素。将刺梨与椪柑相搭配制作的果汁饮料，既有椪柑和刺梨的香气，又有椪柑的酸甜可口的味道，是一款理想的保健型饮料。

（三）刺梨酸奶

为邢飞跃等[38]以鲜刺梨汁与鲜牛乳为原料加工成的非发酵型乳酸饮料。刺梨营养价值高，备受消费者的喜爱。鲜牛乳具有高蛋白、高脂肪、高钙的特点，在儿童发育的过程中，是必不可少的物质。将刺梨汁与牛乳相配合，用饮料添加剂作为辅料，采用科学的方法研制出营养成分更加丰富、又具有牛乳香味和营养的非发酵型乳酸饮料，为刺梨相关产品又增添了一个品种。

第三节　刺梨发酵食品的加工与应用

一、果酒酿制

（一）概述

果酒是用水果本身的糖分被酵母菌发酵成的含有水果的风味和乙醇的酒。果酒营养丰富，含有多种有机酸、芳香酯、维生素、氮基酸和矿物质等营养成分，经常适量饮用，能增加人体营养，有益身体健康。果酒乙醇含量低、刺激性小，能在色、香、味上满足不同消费者的饮酒享受。

果酒必须按原料水果名称命名，以此来区别于葡萄酒。当使用 1 种水果做原料时，可按该水果名称命名，如草莓酒、柑橘酒等。如果使用 2 种或 2 种以上水果为原料时，可按用量比例最大的水果名称来命名。果酒中以葡萄酒的品种为最多，果酒的分类参照葡萄酒的分类。

1．葡萄酒分类

以新鲜葡萄或葡萄汁为原料，经全部或部分发酵酿制而成的酒精度等于或大于7%（V/V）的发酵酒。按酒中二氧化碳含量（以压力表示）和加工工艺分为平静葡萄酒，起泡葡萄酒和特种葡萄酒3类。

（1）平静葡萄酒

平静葡萄酒是在20°C时，二氧化碳压力小于0.05MPa的葡萄酒。平静葡萄酒根据含糖量的多少可以分为以下4类。

1）干酒。含糖量小于或等于4g/L或者当总糖与总酸（以酒石酸计）的差值小于或等于2g/L时，含糖量最高为9g/L的葡萄酒。

2）半干酒。含糖量大于干酒，最高为12g/L或者总糖与总酸的差值按干酒方法确定，含糖量最高为18g/L的葡萄酒。

3）半甜酒。含糖量大于半干酒，最高为45g/L的葡萄酒。

4）甜酒。含糖量大于45g/L的葡萄酒。

（2）起泡葡萄酒

起泡葡萄酒是在20°C时，二氧化碳压力等于或大于0.05MPa的葡萄酒。当二氧化碳全部来源于葡萄原酒经密闭（于瓶或发酵罐中）自然发酵产生时，称为起泡葡萄酒；当酒瓶中的二氧化碳压力在0.05～0.25MPa时，称为低起泡葡萄酒或称葡萄汽酒；当二氧化碳压力等于或大于0.35MPa时，称为高起泡葡萄酒。高起泡葡萄酒按其含糖量分为以下5类。

1）天然酒。糖量小于或等于12g/L的起泡葡萄酒。

2）绝干酒。含糖量大于天然酒，最高为17g/L的起泡葡萄酒。

3）干酒。含糖量大于绝干酒，最高为32g/L的起泡葡萄酒。

4）半干酒。含糖量大于干酒，最高为50g/L的起泡葡萄酒。

5）甜酒。含糖量大于50g/L的起泡葡萄酒。

（3）特种葡萄酒

按特殊工艺加工制作的葡萄酒。特殊葡萄酒可以分为利扣葡萄酒和加香葡萄酒2种。

1）利口葡萄酒。在葡萄原酒中，加入白兰地、食用精馏酒精或葡萄酒精以及葡萄汁、浓缩葡萄汁和含焦糖葡萄汁等，酒精度为15%～22%（V/V）的葡萄酒。

2）加香葡萄酒。以葡萄酒为酒基，通过浸泡芳香植物（或添加其浸提物）而制成的、酒精度为11%～24%（V/V）葡萄酒。

2．果酒分类

果酒是以新鲜水果或果汁为原料，经全部或部分发酵酿制而成的、酒精度在7%～18%（V/V）的发酵酒。参照葡萄酒的分类方法，分为平静果酒、起泡果酒和特种果酒3类。平静果酒按糖和总酸含量分为干酒、半干酒、半甜酒和甜果酒，起泡果酒按瓶中压力分为高起泡果酒、低起泡果酒。

（二）果酒发酵机制

1．果酒乙醇发酵作用

果浆或果汁中的葡萄糖和果糖在酵母菌的作用下，最后生成乙醇和二氧化碳。

果酒发酵是一个极其复杂的生物化学现象。在每一步反应过程中都有酶的参与，除了最后生成乙醇、二氧化碳和少量的甘油、高级醇类、醛类物质之外，还会生成二磷酸己糖、磷酸甘油醛、丙酮酸、乙醛等许多中间产物。在果酒的乙醇发酵过程中，来自酵母细胞本身的含氮物质及其所产生的高级醇，如异丙醇、正丙醇、异戊醇和丁醇等，它们是构成果酒香气的二类成分，但若含量太高，可使果酒产生不愉快的粗糙感。

果酒的发酵分主发酵和后发酵 2 个阶段，主发酵是将发酵液的糖分变成乙醇，后发酵是继续分解残糖为乙醇，加速酒的转化，使酒更加稳定。用人工培养的酵母发酵的称为人工发酵，利用天然酵母发酵的称为自然发酵。按照工艺的不同又可分为渣汁混合发酵和渣汁分离发酵 2 种形式。

2．果酒发酵微生物活动

果酒的乙醇发酵与微生物的活动有密切关系。果酒酿造的成败和品质好坏，首先决定于参与发酵的微生物的种类。乙醇发酵依靠酵母菌来进行，果酒发酵的优良酵母菌品种是葡萄酒酵母。影响酵母活动的因素主要有以下 6 方面。

（1）温度

葡萄酒酵母菌的生长繁殖与乙醇发酵的最适温度为 20～30°C，当温度在 20°C 时酵母菌的繁殖速度加快，在 30°C 时达到最大值，超过 35°C 时繁殖速度下降，乙醇发酵有可能停止。在 20～30°C 时进行葡萄汁低温发酵，能够酿造出淡而有芳香味的优质葡萄酒，并含有较多的二氧化碳，用酸含量少的果汁酿制果酒，也应选择较低的发酵温度。同一葡萄汁在不同温度下发酵会得到不同酒浓度的葡萄酒。

（2）酸度

果酒发酵时，最好把 pH 值控制在 3.3～3.5，在这个酸度条件下，杂菌的代谢活动受到了抑制，而葡萄酒酵母能够正常发酵；当 pH 值为 3.0 或更低时，酵母菌的代谢活动也会受到一定程度的抑制，发酵速度减慢。

（3）糖和渗透压

糖是酵母菌生长和繁殖所需要的碳源。当糖的浓度在 1%～2%时，酵母菌的发酵速度最快。正常情况下，当糖分为 16%左右时，可以得到最大的乙醇收得率；当葡萄汁的糖度超过 25%时，随着糖度的增加，发酵液中的残糖量也迅速增加，发酵速度明显减慢。

（4）二氧化碳及压力

二氧化碳是酵母菌发酵所产生的终产物，当二氧化碳达到一定浓度时.就会反馈抑制反应的进行，影响发酵的正常进行，使果酒发酵速度减慢。如果能及时地排出产生的二氧化碳，保持酒中较低的二氧化碳浓度，就会使发酵速度加快。

（5）氮

氮是酵母细胞生长和代谢不可缺少的营养物质。一般来讲，葡萄汁中的少量含氮物质，可以满足整个发酵过程中酵母菌的生长、繁殖和积累各种酶的需要。而在其他果汁的发酵过程中，由于含氮物质过低，常不能满足需要。

（6）乙醇

乙醇对酵母菌的发酵有阻碍作用。葡萄酒酵母对酒精具有一定的耐受力。在葡萄酒的发酵过程中，酒精首先会对酵母菌的繁殖产生影响，葡萄汁中影响葡萄酒酵母繁殖的乙醇临界浓度为2%，当乙醇浓度在6%～8%时，能够使酵母菌芽殖全部受到抑制。随着发酵液中乙醇含量的不断增加，酵母菌的发酵作用逐渐减缓，并趋于停止。

（三）果酒酿造工艺

果酒酿造的基本工艺流程是：鲜果→分选→破碎、除梗→果浆→分离取汁→澄清→清汁→发酵→倒桶→贮酒→过滤→冷处理→调配→过滤→成品。

1．原料的选择

制取葡萄酒不能用腐烂果粒，要求葡萄果粒必须充分成熟，果实含糖量高、酸度适中、香味浓、色泽美。制干白葡萄酒，不能过熟采收。应选择含糖量高，并含有一定量有机酸的品种。有机酸在果酒酿造中有促进酵母菌繁殖、抑制腐败细菌生长的作用，还可增加酒香和风味、促进果中色素溶解，使果酒具有鲜丽色泽。

2．汁液的制备和调整

（1）破碎和去梗

将果粒压碎，使果汁流出的操作称破碎。破碎可加快起始发酵速度，使酵母易与果汁接触，利于红葡萄酒色素的浸出，易于二氧化硫均匀地应用。破碎要求每颗果粒都破裂，但不能将种子和果梗破碎，否则种子内的油脂和糖苷类物质及果梗内的一些物质会增加酒的苦味。对于白葡萄酒，要避免果汁与果渣长时间接触。破碎后的果浆应立即进行果梗分离，这一操作称作除梗。除梗有利于改进酒的口味，防止果梗中的苦涩物质溶出。破碎机有双辊压破机和鼓形刮板式破碎机，离心式破碎机，锤片式破碎机等。

（2）压榨和澄清

破碎后不加压自行流出的果汁叫自流汁，加压后流出的汁液叫压榨汁。自流汁质量好，宜单独发酵制取优质酒。压榨分 2 次进行，第 1 次逐渐加压，尽可能压出果肉中的汁，质量稍差，应分别酿造，也可与自流汁合并。将残渣疏松，加水或不加，做第 2 次压榨，压榨汁杂味重、质量低，宜做蒸馏酒或其他用途。设备一般为连续螺旋压榨机。

压榨汁中的一些不溶性物质在发酵中会产生不良效果，给酒带来杂味，而且用澄清汁制取的果酒胶体稳定性高，对氧的作用不敏感，酒色淡，铁含量低，芳香稳定，酒质爽口。澄清的方法可参考果汁的澄清。

（3）二氧化硫处理

二氧化硫在果酒中的作用有杀菌、澄清、抗氧化、增酸、使色素和单宁物质溶出、还原、使酒的风味变好等。二氧化硫有气体二氧化硫和亚硫酸盐 2 种添加方式。发酵液中的二氧化硫浓度为 60～100mg/L。当原料含糖高时，二氧化硫结合机会增加，用量略多些；原料含酸量高时，活性二氧化硫含量高，用量略少些。若温度高时，易被结合且易挥发，用量略减少些。微生物含量和活性越高、越杂，用量越多。

（4）果汁成分调整

1）糖分调整。糖是乙醇生成的基质，一般葡萄汁的含糖量为 14～20g/100mL，只能生成 8.0～11.5°的乙醇，而成品葡萄酒则要求更高的酒精度。增高酒精度的方法，一种是补加糖促使生成足量的乙醇，另一种是发酵后补加同品种高浓度的蒸馏酒或经处理的食用乙醇。优质葡萄酒的酿制需用第 1 种方法。

2）酸度调整。酸可抑制细菌繁殖，使发酵顺利进行。还可以使红葡萄酒颜色鲜明、酒味清爽，并具有柔软感。而且酸与醇生成酯，能增加酒的芳香、贮藏性和稳定性。干酒酸度在 0.6%～0.8%、甜酒在 0.8%～1%，一般 pH 值大于 3.6 时，应该对果汁加酸。

3．酒精发酵

（1）酒母的制备

酒母即扩大培养后加入的酵母菌，生产上需经 3 次扩大后才可加入，分别称一级培养（试管或三角瓶培养）、二级培养、三级培养，最后用酒母桶培养。

1）一级培养。生产前 10d 左右，选成熟无变质的水果，压榨取汁。装入洁净、干热灭菌过的试管或三角瓶内。试管内装量为 1/4，三角瓶则装 1/2。装后在常压下沸水杀菌 1h 或 58kPa 下 30min。冷却后接入培养菌种，摇动果汁使之分散。进行培养，发酵旺盛时即可供下级培养。

2）二级培养。在洁净、干热灭菌的三角瓶内装 1/2 果汁，接入上述培养液进行培养。

3）三级培养。选洁净、消毒的 10L 左右大玻璃瓶，装入发酵酸后加果汁至容积的 70%左右。加热杀菌或用亚硫酸杀菌，亚硫酸杀菌每升果汁应含二氧化硫 150mg，但需放置 1d。瓶口用 70%乙醇进行消毒，接入二级菌种，用量为 2%，在保温箱内培养，繁殖旺盛后，供扩大用。

4）酒母桶培养。将酒母桶用二氧化硫消毒后，装入果汁，在 28～30°C：下培养 1～2d 即可作为生产酒母。培养后的酒母即可直接加入发酵液中，用量为 2%～10%。发酵设备发酵设备要求应能控温，易于洗涤、排污，通风换气良好等。使用前应进行清洗，用二氧化硫熏蒸处理。发酵容器也可制成发酵贮酒两用，要求不渗漏，能密闭，不与酒液起化学作用。有发酵桶、发酵池，也有专门的发酵设备，如旋转发酵罐、自动连续循环发酵罐等。

4．果汁发酵

（1）初发酵期

主要为酵母菌繁殖阶段，这段期间持续 24～48h。这段时间温度控制在 25～30°C，并注意通气，促进酵母菌的繁殖。

（2）主发酵期

主发酵时，将果汁倒入容器内，装入量为容器容积的4/5，然后加入3%～5%的酵母，搅拌均匀，温度控制在20～28°C。发酵时间随酵母的活性和发酵温度而变化，一般为3～12d，残糖降为0.4%以下时主发酵期结束。

（3）后发酵

将酒容器密闭并移至酒窖，适宜温度为 20°C 左右，时间为 1 个月左右。主发酵完成后，原酒中还含有少量糖分，在转换容器时得到通风，酵母菌又重新活化，继续发酵，将剩余的糖转变为乙醇。发酵结束后要进行澄清，澄清的方法和果汁相同。

5．陈酿

经过发酵的酒例如果酒比较辛辣，不宜饮用，应放入密闭的酒坛或酒桶等容器中，送入低温地下室贮藏。时间少则半年，最好贮藏 2 年以上，要注意密封封口。果酒陈酿期愈长，风味愈好。

6．果酒成品的调配

果酒的调配主要有勾兑和调整。

（1）勾兑

勾兑即原酒的选择与适当比例的混合，调整即根据产品质量标准对勾对酒的某些成分进行调整。一般先选一种质量接近标准的原酒做基础原酒，据其缺点选 1 种或几种其他的酒做勾对酒，加入一定的比例后进行感官和化学分析，从而确定比例。

（2）调整

主要有乙醇含量，糖，酸等指标。乙醇含量的调整最好用同品种酒精含量高的酒进行调配，也可加蒸馏酒或食用乙醇；甜酒若含糖不足，用同品种的浓缩汁效果最好，也可用砂糖；酸分不足可用枸橼酸。

二、刺梨发酵食品

1．菠萝、刺梨、芦荟复合发酵饮料

复合发酵饮料[39]是采用菠萝、刺梨、芦荟汁为原料，通过酒精发酵和乙酸发酵后，得到的发酵液进行科学的配比，即可得到营养丰富的发酵饮料。研究采用正交试验筛选出 3 种成分的最佳配比，使得复合饮料口感好，营养丰富。通过发酵得到的复合饮料能够保持果汁饮料的色、香、味，还赋予了饮料独特的发酵风味。

2．鱼腥草、南瓜、刺梨乙酸发酵饮料

鱼腥草[40]又名折耳根，味辛，具有清热解毒、利尿通淋的功效，但由于其具有鱼腥味，致使有些消费者无法接受。将鱼腥草与南瓜、刺梨进行配合发酵，能够掩盖鱼腥草的特殊味道，使其能够为更多的人所食用。文献以鱼腥草、南瓜、刺梨为原料，经酒精发酵和乙酸发酵制成天然的营养保健酒，提高了原料的利用价值。

3．刺梨果酒

刺梨果酒[41]是用将野生刺梨压榨出果汁后，加入脱臭食用酒精、蔗糖和柠檬酸直接配制而成。此种方法与通常的发酵制酒不同，此法酿酒不需发酵，不添加任何色素、香精等物质，酒味中保持着刺梨固有的香气和色泽，甜酸可口，是老少皆宜的一种低酒精度饮料。刺梨果酒除了直接配制而成外，通常都会采用发酵法制得。周春明等[42]选取新鲜、成熟、优质的刺梨为原料，蔗糖、果胶酶、二氧化碳气体、食用酒精、明胶、琼脂等多种辅料进行发酵制酒。

4．刺梨发酵汽酒

刺梨汽酒[43]是刺梨的发酵品，用干刺梨泡汁为主要的原料，经酵母发酵后陈酿成干酒，再加入酸、糖等辅料调节味道，最后再往干酒中充气，刺梨汽酒就制成了。经研究，制作刺梨汽酒不能使用刺梨汁，因为刺梨中单宁含量太高，若直接使用的话，会影响发酵，从而影响汽酒的味道。而使用干刺梨浸泡汁为原料的话，单宁的含量大大降低，选用合适的酵母即可发酵出品质好的汽酒。

5．刺梨米酒

武世新[44]选取优质糯米为原料，糯米经筛选、浸泡、清洗、蒸煮、淋水、下曲、糖化发酵后，将 50%的糯米酒汁与经二氧化碳浸渍法生产的 50%的刺梨原酒混合搅拌均匀，调整酒度、糖度、酸度后，进行陈酿，最后进行澄清过滤，即可杀菌灌装，得到刺梨米酒。刺梨米酒是一种低度营养型的酒，与烈性白酒相比，将会受到消费者的青睐。

6．刺梨蜜酒

刺梨蜜酒[45]是用刺梨、蜂蜜和其他辅料共同酿造的一种低度的营养型保健酒。将装备好的蜂蜜和二氧化硫加入到发酵罐中与刺梨汁、糯米发酵的甜酒酿共同发酵，即得刺梨蜜酒。

7．刺梨啤酒

刺梨营养丰富，常食能够增加人体抵抗力、促进人体新陈代谢，但是直接食用口感酸涩。邱冬梅等[46]将刺梨辅以麦芽、大米、酒花等酿制刺梨啤酒，改善了刺梨的酸涩感，生产出来的刺梨啤酒不仅具有刺梨的风味和营养，还能保持啤酒清凉爽口的特征。

8．刺梨葡萄酒

丁正国[47]介绍了利用刺梨和葡萄制作刺梨葡萄酒的工艺。因刺梨中单宁含量较高，果实生食酸涩，需先将刺梨加工成刺梨汁，再将葡萄加工成葡萄原酒，最后将刺梨汁、葡萄原酒、糖浆和二氧化硫等辅料一起混合，并搅拌均匀，经过滤后即可得到刺梨葡萄酒。但是制得的葡萄酒应尽快投入市场，防止储存时间过长导致维生素 C 等营养物质的损失。

9．芦笋蜂蜜刺梨发酵酒

赵贵红[48]介绍了以刺梨、芦笋、蜂蜜为原料生产保健酒的工艺。芦笋是一种人们常食的蔬菜，含有丰富的营养成分，具有食疗的功效，对于心脏病、高血压、水肿等疾病都有一定的功效。将刺梨与芦笋、蜂蜜相结合制成的蜜酒，兼有 3 者的营养功效，复合发酵酒的开发开拓了蔬菜的应用范围，也增加了刺梨产品的品种。

10．山楂、刺梨、猕猴桃复合发酵酒

何惠[49]介绍了以山楂、刺梨、猕猴桃为原料的复合发酵酒的研制。山楂营养成分丰富，具有消食化积、活血散淤的功效；猕猴桃质地柔软、口感酸甜、果汁较多，具有消渴、解热、降脂的作用。3者发酵而成的复合酒营养丰富、口感好，是极佳的保健酒。

11．天麻、刺梨、蜂蜜复合发酵酒

天麻[50]自古以来就有药用的功效，具有镇静、镇痛、安神、增强机体免疫力等作用。将鲜天麻和刺梨原汁合理配比混合，用蜂蜜调整糖分，最后用活性干酵母控温发酵即得 3 者的复合发酵酒。天麻、刺梨、蜂蜜复合发酵酒是营养成分丰富、风味独特的健康保健酒。

12．刺梨果醋

刺梨中的维生素含量高，果实内含有丰富的糖质资源，是酿醋的极佳选择，而且水果酿出来的醋相对于粮食醋来说，营养成分更丰富、口感会更好。刺梨本身就极具保健功效，酿出来果醋同样也具有一定的保健功能，常食能起到软化血管、降低血脂、调节钠平衡、抗氧化的作用。刺梨果醋的产生不仅可以改变刺梨口感差的缺点，还具有增加食醋营养的功效。周俊良等[51]利用刺梨为原料，将刺梨清洗、破碎、榨汁后，应用液体深层发酵法经酒精发酵和醋酸发酵进行酿制果醋。刺梨果醋的产生对充分利用刺梨资源具有重大的意义。将刺梨果醋辅以甜味剂、柠檬酸、蜂蜜等辅料即可制成刺梨果醋饮料，酸甜可口，兼具果醋和水果的双重营养，扩展了果醋的使用范围，能够使更多的消费者体会到它的美味。

第四节　刺梨糖制品的加工与应用

一、果品糖制作

（一）概述

果品糖制是利用高浓度糖液的渗透脱水作用，将果品加工成糖制品的加工技术。

果品糖制在我国具有悠久的历史，最早的糖制品是利用蜂蜜糖渍饯制而成白砂糖和饴糖等食糖的开发和应用，促进了糖制品加工业的迅速发展，逐步形成格调、风味、色泽独具特色的中国传统蜜饯。其中北京、苏州、广州、潮州、福州和四川等地的制品尤为著名，如苹果脯、蜜枣、糖梅、山楂脯以及各种凉果和果酱，这些产品在国内外市场上享有很高的荣誉。果品糖制品按照加工方法和制品的状态可以分为果脯蜜饯类和果酱类 2 大类。

果品糖制品具有高糖、高酸等特点，这不仅改善了原料的食用品质，赋予果品产品良好的色泽和风味，而且提高了果蔬糖制品在贮藏和贮运期的品质和期限。

（二）原理

1．糖的分类和特性原料糖的种类

适用于果品糖制的糖种类较多，不同的原料糖的特性和功能不尽相同。

（1）原料糖的分类

1）白砂糖

白砂糖主要有甘蔗糖和甜菜糖 2 种，是加工糖制品的主要用糖，蔗糖含量高于 99%。因其有纯度高、风味好、色泽淡、取用方便、溶解性好和贮藏作用强等优点，在糖制上广泛应用。糖制时，要求白砂糖的色值低、不溶于水的杂质少，以选用优质白砂糖和一级白砂糖为宜。

2）怡糖饴糖

又称麦芽糖浆，是用淀粉水解酶水解淀粉生成的麦芽糖、糊精和少量的葡萄糖、果糖的混合物。其中含麦芽糖和单糖 53%～60%、糊精 13%～23%，其余为杂质。麦芽糖含量决定饴糖的甜味，糊精决定怡糖的稠度。淀粉水解越彻底，麦芽糖生成量越多则甜味越强；反之，淀粉水解不完全，糊精偏多，则黏稠度大而甜味小。饴糖在果品糖制时一般不单独使用，而是常与白砂糖结合使用。使用饴糖可减少白砂糖的用量、降低生产成本，同时饴糖还有防止果品糖制品结晶析出的作用。

3）淀粉糖浆

淀粉糖浆是将淀粉经糖化、中和、过滤、脱色和浓缩等工艺而得到的无色透明、具有黏稠性的糖液，其主要成分是葡萄糖、糊精、果糖和麦芽糖。加工方法不同，产品的特性差异很大，工业生产产品有葡萄糖值（糖浆中还原糖含量占总糖含量的百分数，也称 DE 值）为 42、53、63 共 3 种，其中以葡萄糖值为 42 的最多。淀粉糖浆的甜度中，葡萄糖值为 42 的约等于白砂糖的 30%，其甜味是由成分中的葡萄糖、果糖与麦芽糖组合而显示的。由于淀粉糖浆中的糊精含量高，可利用其防止糖制品返砂而配合使用。

4）蜂蜜

蜂蜜一般称为蜜糖，是一种动物制品，古代的果品糖制品就是用蜂蜜糖制的。蜂蜜具有很高的营养和保健价值，主要成分是果糖和葡萄糖，占总糖的 66%～77%，还含有 0.03%～4.4%的蔗糖和 0.4%～12.9%的糊精。我国蜂蜜品种繁多，习惯上按蜜源花种划分，如刺槐蜜、枣花蜜和油菜蜜等，但以浅白色质量为最好。蜂蜜吸湿性很强，易使制品发黏。在糖制加工中常用蜂蜜为辅助糖料，防止糖制品的晶析。

（2）原料糖与果品加工的关系

果品糖制加工中原料糖特性是指与加工相关的物理和化学性质。化学特性包括糖的甜味和风味，蔗糖的转化、凝胶等；物理特性包括渗透压、结晶度和溶解度、吸湿性、热力学性质、黏度、稠度、晶粒大小、导热性等。其中，在果品糖制中比较重要的性质有糖的溶解度与晶析、蔗糖的转化、糖的吸湿性、甜度、沸点及凝胶等。了解了这些性质才能合理地使用食糖，更好地控制糖制过程，提高糖制品的品质和产量。

1）糖的甜度

糖的甜度是对果品糖制品味觉的判别，影响着糖制品的甜度和风味。一般都以相同浓度的蔗糖为标准来比较。以蔗糖甜度为 100 作为相对甜度进行比较，几种糖的相对甜度依次为：果糖 174、葡萄糖 74、麦芽糖 50。另外，也可以用味感阈值来判断糖制品的甜度。味感阈值是以能感觉到甜味的最低含糖量来表示，味感阈值越小，甜度越高。例如果糖的味感阈值为 25%，蔗糖为 0.38%，葡萄糖为 0.55%。

温度对甜味有一定影响。以 10%的糖液为例，低于 50°C 时，果糖甜于蔗糖；高于 50°C 时，蔗糖甜于果糖。

2）溶解度与晶析

糖的溶解度是指在一定的温度下，一定量的饱和糖液内溶解的糖量。糖的溶解度随温度的升高而逐渐增大。但不同温度下，不同种类的糖溶解度是不相同的。

糖制品中液态部分的糖，在某一温度下其浓度达到过饱和时，即可呈现结晶现象，称为晶析，也称返砂。返砂降低了糖的贮藏作用，有损于制品的品质和外观；降低了果品制品的含糖量，同时也有损果脯、果酱类制品的品质。但是，也可以利用这一性质，适当地控制过饱和率，给有些干态蜜饯上糖衣，如冬瓜条、糖核桃仁等。

糖制加工中，为防止蔗糖的返砂，常加入部分饴糖、蜂蜜或淀粉糖浆。因为这些食糖和蜂蜜中含有多量的转化糖、麦芽糖和糊精，这些物质在蔗糖结晶过程中，有抑制晶核的生长、降低结晶速度和增加糖液饱和度的作用。此外，糖制时加入少量果胶、蛋清等非糖物质，也同样有效。因为这些物质能增大糖液的黏度，抑制煎糖的结晶过程，增加糖液的饱和度。

3）糖的转化

蔗糖、麦芽糖等双糖在稀酸与热或酶的作用下，可以水解为等量的葡萄糖和果糖，称为转化糖。酸度越大、温度越高、作用时间越长，糖转化量也越多。适当的转化可以提高蔗糖溶液的饱和度，增加制品的含糖量；能够抑制蔗糖溶液晶析，防止返砂。当溶液中转化糖含量达 30%～40%时，糖液冷却后不会返砂；可增大渗透压，减小水分活性，提高糖制品的保藏性；增加制品的甜度，改善风味。对缺乏酸的果品，在糖制时可加入适量的酸（用枸橼酸），以促进糖的转化。

糖转化不宜过度，否则会增加制品的吸湿性，使制品回潮变软，甚至使糖制品表面发黏，降低贮藏性、影响品质。糖长时间处于酸性介质和高温下，其水解产物会生成少量羟甲基呋喃甲醛，使制品轻度褐变。转化糖与氨基酸反应也易引起制品褐变。所以，制作浅色糖制品时，一定不要使蔗糖过度转化。

糖的吸湿性。糖具有吸湿性，糖制品吸湿以后降低了糖浓度和渗透压，因而削弱了糖的贮藏作用，引起制品败坏和变质。不同种类的糖在不同的环境条件下，吸湿性是不相同的。果糖的吸湿性最强，其次是葡萄糖和麦芽糖，蔗糖为最小。各种结晶糖的吸湿量与环境中的相对湿度呈正相关，相对湿度越大，吸湿量越大，当各种结晶糖吸水达 15%以后，便开始失去晶状而成液态。含有一定数量转化糖的糖制品，必须用防潮纸或玻璃纸包装，否则吸湿回软，产品会发黏、结块，甚至霉烂变质。

糖的沸点。糖制品糖煮时常用沸点估测糖浓度或可溶性固形物含量，以确保熬煮终点、估计出糖制品的可溶性固形物的含量。如干态蜜饯出锅时的糖液沸点达 104～105°C，其可溶性固形物在 62%～66%之间，含糖量约 60%。蔗糖液的沸点受压力、浓度等因素影响，其规律是糖液的沸点随海拔高度的提高而下降。糖液浓度在 65%时，在海平面的沸点为 104.8°C，海拔 610m 时为 102.6°C，海拔 915m 为 101.7°C。因此，同一糖液浓度在不同海拔高度地区熬煮糖制品时，沸点应有不同。在同一海拔高度下，糖浓度相同而糖的种类不同，其沸点也有差异，如 60%的蔗糖液沸点为 103°C、60%葡萄糖液沸点为 105.7°C。

2．果品糖制原理

果品糖制是以食糖的防腐保藏作用为基础的加工方法，糖制品要做到较长时间的保藏，必须使制品的含糖量达到一定的浓度。食糖本身对微生物无毒害作用，低浓度糖还能促进微生物的生长发育。果品糖制品耐贮藏的主要原理有以下 4 个方面。

（1）高浓度的糖液是微生物的脱水剂

糖溶液都具有一定的渗透压，糖液的渗透压与其浓度和相对分子质量大小有关，浓度越高，渗透压越大。据测定，1%葡萄糖溶液可产生 121.59kPa 的渗透压，1%的蔗糖溶液具有 70.927kPa 的渗透压。糖制品一般含有 60%～70%的糖，按蔗糖计，可产生相当于 4.265～4.96MPa 的渗透压，而大多数微生物细胞的渗透压只有 0.355～1.692MPa。糖液的渗透压远远超过微生物的渗透压。当微生物处于高浓度的糖液中，其细胞里的水分就会通过细胞膜向外流出，形成反渗透现象，微生物则会因缺水而出现生理干燥，失水严重时可出现质壁分离现象，从而抑制了微生物的发育。

（2）高浓度糖液降低制品的水分活性

食品的水分活性值表示食品中游离水的数量，大部分微生物要求适宜生长的水分活性值在0.9以上。当食品中可溶性固形物增加时，游离含水量则减少，即水分活性值变小，微生物就会因游离水的减少而受到抑制。如干态蜜饯的水分活性值在0.65

以下时，能抑制一切微生物的活动；果酱类和湿态蜜饯的水分活性值在0.80～0.75时，真菌和一般酵母菌的活动被阻止。但是对耐渗透压的酵母菌，需借助热处理、包装、减少空气或真空包装才能被抑制。

（3）高浓度糖液具有抗氧化作用

高浓度糖溶液的抗氧化作用使糖制品耐贮藏。氧在糖液中溶解度小于在水中的溶解度，糖浓度越高，氧的溶解度越低。如浓度为60%的蔗糖溶液在20℃时，氧的溶解度仅为纯水含氧量的1/6。由于糖液中氧含量的降低，有利于抑制好氧型微生物的活动，也利于制品色泽、风味和维生素的保存。

（4）高浓度糖液能加速脱水吸糖

高浓度糖液的强大渗透压，能够加速原料的脱水和糖分的渗入，缩短糖渍和糖煮时间，有利于改善制品的质量。然而，糖制初期若糖浓度过高，也会使原料因脱水过多而收缩，降低成品率。蜜制或糖煮初期的糖浓度以不超过30%～40%为宜。

（三）糖制工艺

1．果品糖制品分类

我国糖制品加工历史悠久，原料众多，加工方法多样，形成的制品种类繁多、风味独特。按加工方法和产品形态，可将果品糖制品分为蜜饯和果酱2大类。

（1）蜜饯类

1）按产品形态及风味分类可将蜜饯类产品分为3种：

一是湿态蜜饯。果品原料糖制后，按罐藏原理保存于高浓度糖液中，果形完整、饱满，质地细软，味美，呈半透明状。如蜜饯海棠，蜜饯樱桃，糖青梅和蜜金橘等。

二是干态蜜饯。糖制后晾干或烘干，不黏手，外干内湿，半透明，有些产品表面裹一层半透明糖衣或结晶糖粉。如橘饼、蜜李子、蜜桃子等。

三是凉果。指以咸果胚为原料，甘草等为辅料制成的糖制品。果品经盐腌、脱盐、晒干，加配调料蜜制，再干制而成。制品含糖量不超过35%，属低糖制品。外观保持原果形，表面干燥、皱缩，有的品种表面有层盐霜，味甘美，酸甜、略咸，有原果风味、如陈皮梅，话梅和橄榄制品等。

2）按产品传统加工方法分类可以分为以下5种：

一是京式蜜饯。主要是北京果脯，又称“北蜜”或“北脯”。状态厚实，口感甜香，色泽鲜丽，工艺考究。如各种果脯，山楂糕和果丹皮等。

二是苏式蜜饯。主产地苏州，又称“南蜜”。选料讲究，制作精细，形态别致，色泽鲜艳，风味清雅，是我国江南一大名特产。代表产品有2类，一类是糖渍蜜饯类。表面微有糖液，色鲜肉脆，清甜爽口，原果风味浓郁。如糖青梅，雕梅，糖佛手，糖渍无花果和蜜渍金橘等。另一类是返砂蜜饯类。制品表面干燥，微有糖霜，色泽清新，形态别致，酥松味甜。如天香枣，白糖杨梅，苏式话梅和苏州橘饼等。

三是广式蜜饯。以凉果和糖衣蜜饯为代表产品，又称“潮蜜”。主产地广州、潮州、汕头，已有1000多年的历史。主要有2种，一是味果，甘草制品，味甜、酸、咸，味道适口，回味悠长。如奶油话梅，陈皮梅，甘草杨梅和香草芒果等。二是糖衣蜜饯，产品表面干燥，有糖霜，原果风味浓。如蜜菠萝等。

四是闽式蜜饯。主产地福建漳州、泉州、福州，已有1000多年的历史，以橄榄制品为主产品。制品肉质细腻致密，香味突出，爽口而有回味。如大福果，丁香橄榄，加应子，蜜桃片和盐金橘等。

五是川式蜜饯。以四川内江地区为主产区，始于明朝。有名传中外的橘红蜜饯和川瓜糖等。

（2）果酱类

果酱制品无须保持原来的形状，但应具有原有的风味，一般多为高糖、高酸制品。按其制法和成品性质，可分为以下6种：

1）果酱，分泥状及块状果酱2种。果品原料经处理后，打碎或切成块状，加糖（含酸及果胶量低的原料可适量加酸和果胶）浓缩的凝胶制品。如草莓酱，杏酱，苹果酱和番茄酱等。

2）果泥，一般是将单种或数种果品混合，经软化打浆或筛滤除渣后得到细腻的果肉浆液，加入适量砂糖（或不加糖）和其他配料，经加热浓缩成稠厚泥状，口感细腻。如枣泥，苹果泥，山楂泥和什锦果泥等。

3）果冻，用含果胶丰富的果品为原料，将果实软化，压榨取汁，加糖、酸（含酸量高时可省略）以及适量果胶（富含果胶的原料除外），经加热浓缩后而制得的凝胶制品。该制品具光滑透明的形状，切割时有弹性，切面柔滑而有光泽。如山楂冻和苹果冻等。

4）果糕，将果实软化后，取其果肉浆液，加糖、酸、果胶浓缩，倒入盘中摊成薄层，再于50～60℃的温度条件下烘干至不黏手，切块后用玻璃纸包装。如山楂糕等。

5）马茉兰，一般采用柑橘类原料生产，制造方法与果冻相同，但配料中要适量加入用柑橘类外果皮切成的块状或条状薄片，均匀分布于果冻中，有柑橘类特有的风味。如柑橘马茉兰。

6）果丹皮，是将制取的果泥经摊平（刮片），烘干，制成的柔软薄片。如山楂果丹皮和柿子果丹皮等。

2．果品糖制工艺

果品糖制工艺的流程如下：

原料前处理：

1）蜜制→配料→烘干→凉果

2）糖制→装罐→封罐→杀菌→冷却→湿态蜜饯

3）糖制→烘干→上糖衣→干态蜜饯

（1）原料选择

糖制品的质量主要取决于其外观，风味，质地及营养成分。选择优质原料是制成优质产品的关键之一。原料质量的优劣主要在于品种和成熟度。蜜饯类因需保持果品形态，要选择原料肉质紧密、耐煮性强的品种，故在绿熟至坚熟时采收为宜。另外，还应考虑果品的形态、色泽、糖酸含量等因素，用来糖制的果品要求形态美观、色泽一致、糖酸含量高等特点。

（2）原料前处理

果品糖制原料预处理的工艺：分级、去皮、切分、切缝、刺孔→盐腌→保脆和硬化→硫处理→染色→漂洗和预煮。

1）去皮、切分、切缝、刺孔。对果皮较厚或含粗纤维较多的糖制原料应去皮，常用机械去皮或化学去皮等方法。大的果品原料，如苹果，香蕉等宜适当切分成块、条、丝和片等，以便缩短糖制时间。小型果品原料如枣、李和梅等一般不去皮和切分，常在果面切缝、刺孔，加速糖液的渗透。

2）盐腌。用食盐或加用少量明矾或石灰腌制的果坯，常作为半成品保存方式来延长加工期限，大多作为南方凉果制品的原料。盐坯腌渍包括盐腌、暴晒、回软和复晒 4 个过程，盐腌有干腌和盐水腌制 2 种。干腌法适用于果汁较多或成熟度较高的原料，用盐量依种类和贮存期长短而异，一般为原料重的 14%～18%。腌制时，分批拌盐，拌匀，分层入池，铺平压紧，下层用盐较少，由下而上逐层加多，表面用盐覆盖隔绝空气，便能保存不坏。盐水脆制法适用于果汁稀少，或未熟果，或酸涩苦味浓的原料，将原料直接浸泡到一定浓度的盐液中腌渍，腌渍程度以果实呈半透明为度。果品盐腌后，延长了加工期限，同时对改善某些果品的加工品质，减轻苦、涩、酸等不良风味有一定的作用。但是，盐腌在脱去大量水分的同时，会造成果品可溶性物质的大量流失，降低了果品营养价值。

3）保脆和硬化。为提高原料耐煮性和酥脆性，在糖制前会对某些原料进行硬化处理，即将原料浸泡于石灰或氯化钙、明矾、亚硫酸氢钙等稀溶液中，使钙、镁离子与原料中的果胶物质生成不溶性盐类，细胞间相互黏结在一起，提高硬度和耐煮性。用的氯化钙与 0.2%的亚硫酸氢钠混合液浸泡 30～60min，起护色兼硬化的双重作用。对不耐贮运、易腐烂的草莓和樱桃用含有 0.75%～1.0%二氧化硫的亚硫酸与 0.4%～0.6%的消石灰混合液浸泡，可防腐烂并兼起硬化、护色作用。明矾具有触媒作用，能提高樱桃、草莓、青梅等制品的染色效果，使制品透明。硬化剂的选用、用量及处理时间必须适当，过量会生成过多钙盐或导致部分纤维素钙化，使产品质地粗糙、品质劣化。经硬化处理后的原料，糖制前需经漂洗除去残余的硬化剂。

4）硫处理。为了使糖制品色泽明亮，常会在糖煮之前进行硫处理，既可防止制品氧化变色，又能促进原料对糖液的渗透。果品的硫处理有硫黄熏蒸和亚硫酸盐溶液浸泡 2 种方法，熏硫在密闭的室内进行，按原料重量的 0.1%～0.2%的硫黄，时间 30min 至几 h 不等。浸硫是用 0.2%的亚硫酸钠溶液浸泡 15～30min，常用的亚硫酸盐有亚硫酸钠、亚硫酸氢钠和焦亚硫酸钠等。经硫处理的原料，在糖煮前应充分漂洗，以除去剩余的亚硫酸溶液。用马口铁罐包装的制品，因过量的二氧化硫会引起铁皮的腐蚀产生气胀，因此脱硫必须充分，。

5）染色。某些作为配色用的蜜饯制品，要求具有鲜明的色泽。樱桃、草莓等原料，在加工过程中常失去原有的色泽，因此常需人工染色，以增进制品的感官品质。常用的染色剂有人工和天然色素 2 大类，天然色素如姜黄、胡萝卜素和叶绿素等，是无毒、安全的色素，但染色效果和稳定性较差；人工色素有苋菜红、胭脂红、赤藓红、新红、柠檬黄、日落黄、亮蓝和靛蓝等 8 种。染色方法是将原料浸于色素液中着色，或将色素溶于稀糖液中，在糖煮的同时完成染色。为增进染色效果，常用明矾为媒染剂。

6）漂洗和预煮。凡经亚硫酸盐保藏、盐腌、染色及硬化处理的原料，在糖制前都需漂洗或预煮，除去残留的二氧化硫、食盐、染色剂、石灰或明矾，避免对制品外观和风味产生不良影响。而且预煮可以软化果实组织，有利于糖在煮制时渗入；对一些酸涩、具有苦味的原料，预煮可起到脱苦、脱涩作用；预煮可以钝化果品组织中的酶，防止氧化变色。

（3）糖制

糖制是果品糖制品加工的主要工艺。糖制过程是果品原料排水吸糖的过程，糖液中糖分依赖扩散作用进入组织细胞间隙，再通过渗透作用进入细胞内，最终达到要求的含糖量。糖制方法有蜜制和煮制 2 种。蜜制适用于皮薄多汁，质地柔软的原料；煮制适用于质地紧密，耐煮性强的原料。

1）蜜制。蜜制又称冷制，指用糖液进行糖渍，使制品达到要求的糖度。此方法适用于含水量高、不耐煮制的原料，如糖青梅、糖杨梅、樱桃蜜饯、无花果蜜饯以及多数凉果。蜜制的优点是分次加糖，不用加热，能很好保存产品的色泽、风味和营养价值。在蜜制过程中，原料组织保持一定的膨压，与糖液接触时，由于细胞内外渗透压存在差异而发生内外渗透现象，使组织中水分向外扩散排出，糖分向内扩散渗入。但糖浓度过高时，糖制时会失水过快、过多，使其组织膨压下降而收缩，影响制品饱满度和产量。蜜制可以采取以下 3 种方法：

一是分次加糖法。在蜜制过程中，首先将原料投入到 40%的糖液中，剩余的糖再分 2～3 次加入，每次提高糖浓度 10%～15%，直到糖制品浓度达到 60%以上时出锅。

二是一次加糖多次浓缩法。将原料投放到约 30%的糖液中浸渍，之后滤出糖液，将其浓缩至浓度达 45%左右，再将原料投入到热糖液中糖渍。反复 3～4 次，最终糖制品浓度可达 60%以上。由于果品组织内外温差较大，加速了糖分的扩散渗透，缩短了糖制时间。

三是减压蜜制法。将原料浸入到含 30%糖液的真空锅中，抽空 40～60min 后，消压，浸渍 8h，然后将原料取出，放入到含 45%糖液的真空锅中，抽空 40～60min 后，消压，浸渍 8h，再在 60%的糖液中抽空和浸渍至终点。

2）煮制。煮制可以分为常压煮制和减压煮制2种。常压煮制又分一次煮制、多次煮制和快速煮制3种，减压煮制分减压煮制和扩散法煮制2种。

一是一次煮制法。经预处理好的原料在加糖后一次性煮制成功。先配好40%的糖液入锅，倒入处理好的果品。加热使糖液沸腾，果品内水分外渗，糖进入果肉组织，糖液浓度渐稀，然后分次加糖使糖浓度缓慢增高至60%～65%，停火。苹果脯，蜜枣等均采用此方法。这种煮制方法快速省工，但持续加热时间长，原料易煮烂，色、香、味差，维生素破坏严重，糖分难以达到内外平衡，致使原料失水过多而出现干缩现象。因此，煮制时应注意渗糖平衡，使糖逐渐均匀地进入到果实内部，初次糖制时，糖浓度不易过尚。

二是多次煮制法。是将处理过的原料经过多次糖煮和浸渍，逐步提高糖浓度的糖制方法。一般煮制时间短，浸渍时间长。适用于细胞壁较厚难于渗糖的、易煮烂的或含水量高的原料，如桃、杏和梨等。将处理过的原料投入 30%～40%的沸糖液中，热烫 2～5min，然后连同糖液倒入缸中浸渍 10h，使糖液缓慢渗入果肉内。当果肉组织内外糖液浓度接近平衡时，再将糖液浓度提高到 50%～60%，热煮几钟或几十分钟后，制品连同糖液进行第 2 次浸渍，使果实内部的糖液浓度进一步提高。将第 2 次浸渍的果实捞出，沥去糖液，放在竹屉上进行烘烤除去部分水分，至果面呈现小皱纹时，即可进行第 2 次煮制。将糖液浓度提高到 65%左右，热煮 20～30min，直至果实透明。含糖量已增至接近成品的标准后捞出果实，沥去糖液，人工烘干整形。多次煮制法所需时间长，煮制过程不能连续化，费时、费工。

三是快速煮制法。将原料在糖液中交替进行加热糖煮和放冷糖溃，使果品内部水气压迅速消除，糖分快速渗入而达平衡。将原料装入网袋中，先在 30%热糖液中煮 4～8min，取出立即浸入等浓度的 15℃ 糖液中冷却。如此交替进行 4～5 次，每次提高糖浓度 10%，最后完成煮制过程。快速煮制法可连续进行，煮制时间短、产品质量高，但糖液需求量大。

四是减压煮制法。又称真空煮制法，原料在真空和较低温度下煮沸，因组织中不存在大量空气，故糖分能迅速渗入到果品组织里面达到平衡。温度低，时间短，制品色、香、味、形都比常压煮制好。将之前处理好的原料先加入到盛有 25%稀糖液的真空锅中，在真空度为 83.545kPa、温度为 55～70℃ 的条件下热处理 4～6min，消压，糖渍一段时间，然后提高糖液浓度至 40%，再在真空件下煮制 4～6min，消压，糖渍，重复 3～4 次，每次提高糖浓度 10%～15%，使产品最终糖液浓度在 60%以上为止。

五是扩散煮制法。是在真空糖制的基础上进行的一种连续化糖制方法，机械化程度高、糖制效果好。先将原料密闭在真空扩散器内，抽空排除原料组织中的空气，而后加入 95℃ 的热糖液，待糖分扩散渗透后，将糖液顺序转入另一扩散器内，再将原来的扩散器内加入较高浓度的热糖液，如此连续进行几次，制品即达要求的糖浓度。

3）干燥和上糖衣。干燥的目的是排除水分，以提高糖的相对含量、增大渗透压，以利保存。干燥方法有晾晒和烘烤 2 种。烘晒前将果块捞出，沥去多余糖液，必要时可擦去表面的糖液或用清水洗去表面糖液，铺于烘盘上进行晾晒或烘烤。烘干温度不宜超过 65°C，烘干后的蜜饯要求保持完整、饱满、不皱缩、不结晶，质地柔软，含水量在 18%～22%之间，含糖量达 60%～65%。

制作糖衣果脯蜜饯，可在蜜饯干燥后上糖衣。上糖衣是用过饱和糖液处理干态蜜饯，干燥后使其表面形成一层透明状糖质薄膜。糖衣不但外观较好，并且保藏性强，可以减少蜜饯保藏期中吸湿、黏结等不良现象。上糖衣用的过饱和糖液，常以 3 份蔗糖、1 份淀粉糖浆和 2 份水配合而成，将混合浆液加热至 113°C，然后冷却到 93°C 即可使用。在干燥快结束的蜜饯表面，撒上结晶糖粉或白砂糖，拌匀，筛去多余糖，即得晶糖蜜饯。

4）糖制后整理。干燥后的蜜饯应及时整理或整形，以获得良好的商品外观。整形可在干燥过程中进行，许多产品在干燥后进行，整形过程中同时要剔除果块上遗留的疤痕、残皮、虫蛀及其他杂质。整形后将果品糖制品堆放在干燥的环境下，回软大约 1 周，使果实内外水分均匀一致。

5）包装和贮藏。干态蜜饯的包装以防潮、防霉为主，常用阻湿隔气性好的包装材料，如复合塑料薄膜袋、铁等。带汁蜜饯以罐头包装为宜，将蜜饯制品进行挑选，取完整的个体进行装罐，然后加清晰透明的糖液，也可将原糖液过滤后加入。装罐后密封，于 90°C 下巴氏杀菌 30min 后取出冷却。贮藏时成品糖分要高于 60%，保存温度在 20°C 以下；对于不进行消毒的制品，糖分应在 65%以上，在 10～15°C 条件下保存。

二、果品干制作

（一）概述

果品的干制在我国历史悠久，源远流长。古代人们利用日晒进行自然干制，大大延长了果品的贮藏期限。随着社会的进步、科技的发展，人工干制技术也有了较大的发展，从技术、设备、工艺上都日趋完善。但甘肃、新疆等地，由于气候干燥，因而葡萄干的生产采用自然干制法，不仅质量好，而且成本低。还有一些落后山区对于野菜干制，至今仍用自然干制法。

果品干制是指采用自然条件或人工控制条件，使果品脱出一定水分，将可溶性物质的浓度提高到微生物难以利用的程度，同时保持果品原来风味的果品加工方法，制品是果干或菜干。果品干制品能较好地保持果品原有的风味，且贮藏期较长。果品干制设备和生产技术简单，较易掌握，生产成本比较低廉，可就地取材、当地加工；干制品水分含量少，有良好的包装，保存容易，而且体积小、重量轻、携带方便，较易运输和贮藏；通过果品干制可以调节果品生产淡旺季，有利于解决果品周年供应问题。真空冷冻干燥是目前较先进的干制技术，可有效地避免干制过程中色、香、味的劣变，以及营养成分、生理活性成分的损失，且脱水较彻底、保藏期更长。

（二）基本原理

1．果品干制物料的分类

按湿物料的外观状态和物理化学性质则可分为 2 大类：湿固态果品物料和液态果品物料。

（1）湿固态果品物料包括条状物料，片状物料，晶体物料，散粒状物料和粉末状物料。

（2）液态果品物料包括膏糊状物料和液体物料。

2．果品中的水分性质

新鲜果品食品的腐败变质是酶和微生物引起的许多化学变化造成的。酶是食品本身的组成部分，需要适当的水分，才能发挥其作用，如将果品食品的水分降到 1%以下，酶的活性就会消失。干燥虽不能杀死微生物，但在果品食品干燥的同时，微生物也失去了水分，其后处于休眠状态，逐渐死去。果品食品经过干燥，由于酶和微生物都失去活性，因而能长期贮藏。干燥后的果品食品一旦受潮，在适宜的温度下，酶的活性会部分恢复，残存的微生物也能再次繁殖，果品食品仍会腐烂变质。

果品的含水量很高，一般为 70%～90%。果品中的水分以游离水、胶体结合水和化合水 3 种不同的状态存在。

（1）游离水

可用简单方法或热力作用除去毛细管水或表面张力作用下所附着的水，称为游离水或自由水。这部分水分充满在毛细管中，所以也称为毛细管水。游离水是主要的水分状态，占果品含水量的 70%左右。游离水的特点是能溶解糖、酸等多种物质，流动性大，借毛细管和渗透作用可以向外或向内迁移，所以干燥时排除的主要是游离水。

（2）胶体结合水

和蛋白质等胶体结合、一般不易蒸发的水，称为胶体结合水，也叫物理结合水。物理结合水对那些在游离水中易溶解的物质不表现溶剂作用，干燥时只有在高温下才能排出一部分。

（3）化学结合水

按定量和其他物质牢固结合，不能用简单方法分离的水，叫化学结合水，一般不能因干燥作用而排除。

这 3 种水中，只有游离水才能被酶和微生物所利用。

游离水的多少以水分活度表示。水分活度是指溶液中水的蒸气压与同温度下纯水的蒸气压之比，又称水分活性。现代食品科学研究指出用水分活性（Aw）指导生产和贮藏具有重要的实践意义，因为水分活度既能反映食品中水分存在状态，又能揭示食品质量变化和微生物繁殖对其水分可利用的程度。因此，近年来国外的食品水分多不用百分比表示，而改用水分活性或平衡相对湿度表示。

果品中的水分，还可根据干燥过程中可被除去与否而分为平衡水分和自由水分。平衡水分是指在一定温度和湿度的干燥介质中，在物料经过一段时间的干燥后，其水分含量将稳定在一定数值，并不会因干燥时间延长而发生变化。这时，果品组织所含的水分为该干燥介质条件下的平衡水分或平衡湿度。平衡水分是果品在这种干燥介质条件下可以干燥的极限；自由水分是指在干燥过程中被除去的水分，是果品所含的大于平衡水分的部分。自由水分主要是果品中的游离水，也有很少一部分胶体结合水。

果品干制品的贮藏性不仅和水分含量有关，与果品中水分的状态也有关。水溶液与纯水的性质是不同的，在纯水中加入溶质后，溶液分子间引力增加，沸点上升，冰点下降，蒸气压下降，水的流速降低。游离水中的糖类、盐类等可溶性物质多了，溶液浓度增大，渗透压增高，造成微生物细胞壁分离而死亡，因而可通过降低水分活度抑制微生物的生长，从而保存食品。虽然食品有一定的含水量，但由于水分活度低，微生物不能利用。水分活度高到一定值时，酶的活性才能被激活，并随着水分活度值的增高而增强。水分活度值大时叶绿素变成脱镁叶绿素；蔗糖水解，花青素被破坏，维生素 B，维生素 C 损失速度加快。

3．果品的干燥机制

果品在干制过程中，水分的蒸发主要依赖水分外扩散作用和内扩散作用，果品干制时所需要除去的水分，是游离水和部分胶体结合水。干燥开始时由于果品中的水分大部分为游离水，所以蒸发时，水分从原料表面蒸发得快，称水分外扩散；当水分蒸发至 50%～60%后，其干燥速度依原料内部水分转移速度而定。干燥时原料内部水分转移，称为水分内部扩散。由于外扩散作用，造成原料表面和内部水分之间的水蒸气分压差，水分由内部向表面移动，以求原料各部分平衡。此时，开始蒸发胶体结合水，因此，干制后期蒸发速度会明显缓慢。

在干燥时，因果品各部分产生温差而产生的水分热扩散，与水分内扩散的方向相反，是从较热处移向不太热处。但是因为干制时内外层温差甚微，热扩散作用进行得较少，主要是水分扩散作用。干制品含水量达到平衡水分状态时，原料的温度与外界干燥空气的温度相等。

4．果品干燥过程中的变化

新鲜食品一般含水分 40%～95%，经过干燥常会引起一系列变化，变化的程度取决于食品本身的性质和干燥工艺、设备。

这些变化主要包括：

（1）因水分蒸发，蛋白质、脂肪、碳水化合物和矿物质的含量相应提高。

（2）维生素含量往往因水分损失而降低，水溶性维生素在原料预处理中的清洗、热烫、预煮各工序中，一部分溶解于水而流失；胡萝卜素、维生素 A、维生素 B_2 如遇日光暴晒就会大部分被破坏；维生素氏受热容易破坏；维生素 B_2 易和二氧化硫（常用作果品干制前的护色剂）起化学反应而消失；维生素 C 更难保存，遇水溶解遇热破坏，又非常容易被氧化。

（3）食品中原有的天然色素经过干燥往往会发生变化，如叶绿素失去镁离子会由深绿变成草黄，花青素、类胡萝卜素会褪色；也有因干燥温度过高或时间太长，引起美拉德反应或糖的焦化，使成品变为褐色。

（4）干燥后的食品会失去大部分挥发性风味物质或产生煮熟味。

（5）食品的组织状态有显著变化，如细胞干瘪、体积缩小，当超过极限时，加水也不能复原。

（三）干燥方法

食品的种类繁多、成分各异，又有固体、液体、糊状之分，有些还含有热敏性物质，不宜过度加热。因此必须根据具体果品产品的特性，选用适当的干燥方法和工艺设备。

1．晾晒风干

晒干是指利用太阳光的辐射能进行干燥的过程，风干是指利用湿物料的平衡水蒸气压与空气中的水蒸气压差进行脱水干燥的过程。晒干过程常包含风干的作用，是常见的自然干燥方法。如晒干、风干等可用于固态食品物料的干燥，尤其适于以湿润水分为主的物料干燥。炎热干燥和通风良好的环境条件最适宜于晒干。

晾晒风干方法简便，不需燃料和电力，成本低廉、用途最广，适用于因糖度高导致水分蒸发缓慢的果干、瓜干。但易受尘土和昆虫的污染，而且干燥周期长，又受天气制约，如遇连续阴雨会造成损失。

2．对流干燥

空气对流干燥是最常见的食品干燥方法。热空气是热的载体，也是湿气的载体。而空气则有自然或强制对流循环，可在不同条件下环绕湿物料进行干燥。热空气的流动靠风扇、鼓风机和折流板加以控制，空气的量和速度会影响干燥速率。空气的加热可以用直接加热法或间接加热法：直接加热空气靠空气直接与火焰或燃烧气体接触加热；间接加热靠空气与热表面接触加热。空气对流干燥一般在常压下进行，分间歇式（分批）和连续式。被干燥的湿物料可以是固体，膏状物料及液体。

（1）干燥设备

空气和食品直接接触，既用来对物料进行加热，又借废空气带走水分。用于固态食品的对流干燥设备，主要有箱式、隧道式、运输带式和流化床式等。

1）箱式干燥。箱式干燥是一种比较简单的间歇式干燥方法，箱式干燥设备单机生产能力不大、工艺条件易控制。按气体与物料流动方式分为平行流箱式干燥，穿流箱式干燥和真空箱式干燥 3 种。

2）隧道式干燥。隧道式干燥使用的设备实际上是箱式干燥设备的扩大加长，其长度可达 10～15m，可容纳 5～15 辆装满料盘的小车。可以采用连续或半连续操作方法干燥。隧道干燥设备容积较大，小车在内部可停留较长时间，适于处理量大、干燥时间长的物料干燥。干燥介质多采用热空气，隧道内也可以进行中间加热或废气循环。根据物料与气流接触的形式常有逆流式，顺流式和混流式 3 种。

3）输送带式干燥。输送带式干燥装置中除载料系统由输送带取代装有料盘的小车外，其余部分基本上和隧道式干燥设备相同。湿物料堆积在钢丝网或多孔板制成的水平循环输送带上进行的移动通风干燥（故也称穿流带式干燥），物料不受振动或冲击，破碎少，适于膏状物料和固体物料干燥。在干燥过程，采用复合式或多层带式设备可使物料松动或翻转有利于增加空气与物料的接触面，加快干燥速率。可以减轻装卸物料的劳动强度和费用，便于连续化、自动化，适于干燥生产量大的单一产品，以取代原来采用的隧道式干燥。按输送带的层数多少可分为单层带型，复合型，多层带型；按空气通过输送带的方向可分为向下通风型，向上通风型和复合通风型等输送带干燥设备。

4）喷雾干燥。喷雾干燥是经雾化器将料液（可以是溶液、乳浊液或悬浮液，也可以是熔融液或膏糊液）分散为雾滴，并用热空气干燥雾滴而完成的干燥过程。对液态食品，如牛乳、蛋液干燥则采用喷雾干燥机，是粉体食品生产干燥最重要的方法。液体先由高压喷嘴（或高速旋转的离心盘）雾化成微滴，然后和热空气相遇，微滴中的水分受热汽化，随废气排出机外，而微滴中的固体物质被干燥成为粉末，通过旋风分离器进行收集。

5）气流干燥。气流干燥就是将粉末或颗粒食品物料悬浮在热气流中进行干燥的方法，气流干燥也属流态化干燥技术之一。气流干燥颗粒在气流中高度分散，由于热空气与湿物料直接接触使气固相间的传热传质的表面积大大增加，强化了传热与传质过程，因此干燥时间短，仅为 0.5～2s。气固相间的并流操作，可使用高温干燥介质，使高温低湿空气与湿含量大的物料接触，这样整个干燥过程物料温度也不高。干燥设备体积小，热能利用，如使用 400°C 以上高温气体为介质，1kg 绝干空气可干燥除湿 0.1～0.15kg，干燥器的热效率可达 60%～75%。设备结构简单、占地面积小、处理量大、适应性广，可用于块状、膏糊状及泥状物料，对干燥散粒状物料，最大粒径可达 10mm。

6）流化床干燥。流化床干燥也称沸腾床干燥，是另一种气流干燥法。与气流干燥设备最大的不同是流化床干燥物料由多孔板承托，流化床干燥用于干态颗粒食品物料干燥，不适于易黏结或结块的物料。流化床干燥物料颗粒与热空气在湍流喷射状态下进行充分的混合和分散，气固相间的传热传质系数及相应的表面积均较大，热效率较高，可达 60%～80%。由于气固相间激烈的混合和分散以及两者间快速地给热，使物料床温度均匀、易控制，颗粒大小均匀。物料在床层内的停留时间可任意调节，故对难干燥或要求干燥产品含水量低的过程比较适用。流化床干燥设备设计简单，造价较低，维修方便。

7）喷动床干燥。喷动床又称喷泉床，是一种比较新的技术，喷动床技术可用于干燥、造粒、冷却、混合、粉碎以及反应等过程。喷动床干燥器可用于干燥1～8mm的大颗粒物料，此类大颗粒物料若应用流化床，则需很高的流化速度而不经济。喷动流化床又可用于干燥40～80目或更细一些的粉体物料。常用的喷动床干燥器有单级及多级型式，按其内部结构有分布板式及无分布板式喷动床干燥器。

（2）干燥工艺

凡是固体物料，只要选定适合的工艺条件，都能干燥。

1）传导干燥。传导干燥是指湿物料贴在加热表面上（炉底、铁板、滚筒及圆柱体等）进行的干燥，热的传递取决于温度梯度的存在。传导干燥和传导—对流联合干燥常结合在一起使用，这种干燥特点是干燥强度大、相应能量利用率较高。为了加速热的传递及湿气的迁移，传导干燥过程都尽量使物料处于运动（翻动）状态，因此有各种不同的干燥设备。常用的传导干燥设备有滚筒干燥机，真空干燥机，回转干燥机等。

滚筒干燥是将物料在缓慢转动和不断加热（用蒸气加热）的滚筒表面上形成薄膜，滚筒转动一周便完成干燥过程。滚筒干燥机有单滚式、双滚式，又分常压和真空。滚筒是空心的，供通入蒸气进行加热。两滚相对或相背旋转。将要干燥的食品在进料处被均匀地涂布在滚筒表面，形成薄膜，在滚筒旋转过程中迅速干燥，待转到刮刀处，干膜被刮刀铲下，经粗碎为粉末，即为干燥成品。

滚筒干燥可用于液态食品、浆状食品或泥浆状食品物料的干燥，但不适于热塑性食品物料（如果汁类）的干燥。滚筒干燥常用蒸气作为加热源，对于一般的物料，每平方米物料接触面上的平均干燥速度为 10～20m^2/h。滚筒转动 1 周的干燥物料，其干物质可从 3%～30%增加到 90%～98%，干燥时间仅需 2s 到几钟。滚筒干燥的特点为温度高，产量低。

回转干燥，又称转筒干燥，由稍作倾斜而转动的长筒构成。回转干燥处理量大、运转的安全性高，多用于含水分比较少的颗粒状物料干燥。加热介质可以是热气流与物料直接接触（类似对流干燥），也可以由蒸气等热源来加热圆筒壁。它适于黏附性低的粉粒状物料，小片物料等堆积密度较小的物料干燥。回转干燥设备占地大、结构复杂、耗材多、投资大，不少目前逐渐由沸腾床（流化床）等所取代。

真空干燥是指在低气压条件下进行的干燥。真空干燥常在较低温度下进行，因此有利于减少热对热敏性成分的破坏和热物理化学反应的发生，使制品有优良品质，但真空干燥成本常较高。采用真空干燥设备一般可制成不同膨化度的干制品，真空干燥过程中食品物料的温度和干燥速度取决于真空度、物料状态及受热程度。干燥过程中热量常靠传导或辐射向食品传递，也有用热气体或微波作为热源的。真空干燥有箱式、运输带式等，是在密闭的设备中进行干燥。利用减压条件，降低水的蒸发温度，以提高产品质量。加热方式都是通过金属面间接传导，使食品干燥。应用特定工艺还可使麦乳精等产品膨化为多孔状，便于溶解。

2）微波干燥。将待干燥的食品放置在微波内，使食品本身的分子相互摩擦而产生热量，造成水分蒸发。其特点是不依靠热的传导，使食品的各部分同时发热，干燥时间缩短。以通心面生产为例，和对流干燥相比，干燥时间可由 8h 减少为 1.5h，杂菌数减少 93%，节约能源 20%～25%，但设备投资高。

3）减压干燥。又称真空干燥。系指将物料置于干燥盘内，放在密闭的干燥箱中抽真空并进行加热干燥的一种方法，是间歇式操作。其特点是干燥的温度低，速度快；减少了物料与空气的接触机会，可减少药物污染或氧化变质；产品呈松脆的海绵状，易粉碎。减压干燥适用于热敏性或高温条件下易氧化物料的干燥，干燥设备为真空干燥箱。

4）冷冻干燥。又称升华干燥。是一种将含水物料冷冻到冰点以下，由水转变成冰，然后在较高真空下将冰转变为蒸气而除去水分的干燥方法。物料可先在冷冻装置内冷冻再进行干燥，但也可直接在干燥室内经迅速抽成真空而冷冻。升华生成的水蒸气借冷凝器除去。升华过程中所需的汽化热量，一般用热辐射供给。其优点是干燥后的物料保持原来的化学组成和物理特性，热量消耗比其他干燥方法少。但是费用较高，不能广泛采用。含水的生物样品经过冷冻固定，在低温、高真空的条件下使样品中的水分由冰直接升华，达到干燥的目的。在干燥的过程中不受表面张力的作用，样品不变形。

真空冷冻干燥技术是将湿物料或溶液在较低的温度（-10～-50°C）下冻结成固态，然后在真空（1.3～13Pa）下使其中的水分不经过液态直接升华成气态，最终使物料脱水的干燥技术。近年来真空冷冻干燥技术在我国推广得非常迅速，相比之下，其基础理论研究相对滞后、薄弱，专业技术人员也不多。并且，与气流干燥、喷雾干燥等其他干燥技术相比，真空冷冻干燥设备投资大、能源消耗及药品生产成本较高，从而限制了该技术的进一步发展。因此，切实加强基础理论研究，在确保食品质量的同时，实现节能降耗、降低生产成本，已经成为真空冷冻干燥技术领域当前面临的最主要的问题。

5）远红外干燥。远红外干燥是利用远红外线辐射元件发生的远红外线为被加热物体所吸收，直接转变为热能而使水分得以干燥的方法。红外线的波长在 0.72～1000mm 范围的电磁波，一般把 6～1000mm 区域的红外线称为远红外线，而把 5.6mm 以下的红外线称为近红外线。远红外线能被加热物体所吸收，可直接转变为热能而达到加热干燥。远红外线在食品干燥中发展很快，其优点是干燥时物体的每一层都受到均匀的热作用，干燥速度快、生产效率高，干燥时间一般为近红外线干燥时的 1/2，为热风干燥的 1/10；节约能源，耗电量仅为近红外线干燥时的 1/2 左右；设备规模小；建设费用低；产品质量好，因为物料表面及内部的分子可同时吸收远红外线。

（四）干制工艺

果品干制工艺流程为：原料→挑选→分级→装盘→烘制→包装→成品。

1．原料选择

选择干物质含量高，粗纤维和废弃物少，可食率高，成熟应适宜，新鲜，风味好，无腐烂和严重损伤的果品。

2．分级和清洗

用人工或机械清洗，清除附着的泥沙、杂质、农药和微生物，保证果品干制品的卫生达到脱水加工的要求。然后按大小，成熟度进行分级。

3．去皮、去核和切分

按要求去除根、叶、蜡质、皮、壳和核等不能使用的部分和伤、斑等不合格部分。有的原料须切分成片、条、丝或颗粒状，以加快水分的蒸发。原料去蜡质可以采用碱液来处理，然后立即用清水冲洗干净。去皮和去蜡质可以加快干燥过程。

4．干燥前处理

干燥前处理主要是果品的护色。果品干制前的护色主要采用热烫和硫处理，以硫处理为主。热烫后应迅速用冷水或冷风冷却，停止热损害作用。果品的硫处理硫黄熏蒸和亚硫酸盐溶液浸泡 2 种方法，熏硫在密闭的室内进行，每 1000kg 原料燃烧硫黄 2～3kg，时间 30min 至几小时不等。浸硫是用 0.2%的亚硫酸钠溶液浸泡 15～30min。

5．干燥

（1）干燥方法的选择

根据被干燥食品物料的性质，如物料的状态以及物料的分散性、黏附性能、湿态与干态的热敏性（如软化点、熔点、分解温度、升华温度、着火点等）、黏性、表面张力、含湿量、物料与水分的结合状态等以及其在干燥过程的主要变化选择干燥方法。还要考虑干燥制品的品质要求，如热敏感成分的保护要求，风味物质的挥发程度等和干燥成本如设备投资，能耗及干燥过程的物耗与劳力消耗等。所以应该选择最佳的干燥工艺条件，及在耗热、耗能量最少情况下获得最好的产品质量，即达到经济性与优良食品品质。

（2）干燥过程中温度的控制

根据不同干燥物料的性质，选择不同的温度控制方式进行干燥。

1）升温方式。初期为低温，中期为高温，后期为低温直至结束。适用于可溶性固形物含量高的果品或不切分的整个果品，如红枣。整个干燥期间，初期温度较低（55～60℃），中期温度较高（68～70℃，不超过 75℃），后期采用较低温度（0～55℃），直至干燥结束。这种控温方法操作技术较易掌握，制品品质好，成品率较高。

2）升温方式是初期温度急剧升高，后降温至干燥温度，维持一段时间后逐步降温直至结束。初期温度急剧升高到 90～95℃ ，之后继续增大火力使温度维持在 70℃

左右，然后逐步降温至干燥结束。采用这种控温方法，干燥时间较短、成品质量优良，但技术较难掌握。主要适用于可溶性物质含量较低，水分含量较高的原料或切成薄片、细丝的果品，如苹果和杏等的干制。

3）恒温干燥，即恒定较低温度的干燥方法。在整个干燥过程，温度始终维持在55～60℃的恒定温度，直到干燥结束。这种方法应用广泛，适宜于大多数果品的干制。优点是操作技术易于掌握、成品质量好，但是能源消耗大。

（3）湿度控制

不同种类的果品和干制品所要求达到的含水量是不同的。多数脱水干燥水果水分活性在0.65～0.60。

6．回软

产品干燥后，剔去过大、过小、过湿和结块的制品及碎屑，待冷却后堆积起来盖好或放入密闭容器中，让其回软1～3d，使各部分含水量均衡、质地柔软，方便包装。如果制品含水量未达到要求，须再次干燥，直至干燥程度达到要求为止。

7．包装

包装容器要求是密封，防潮，防虫，无毒及无异味。常用聚乙烯袋做内包装容器，外包装容器则为纸箱、木箱、铁箱等。

8．贮藏

贮藏干制品的库房，要求阴凉、通风、干燥和避光，并且要防鼠。贮藏温度以0～2℃为好，最高不超过10～14℃，空气的相对湿度应在65%以下。

三、果品灌装制品

（一）概述

罐藏食品又叫罐制品，简称罐头，是新鲜原料经过预处理、装罐及加罐液、排气、密封、杀菌和冷却等工序加工制成的产品。罐藏技术是法国人尼古拉·阿培尔发明的。1806年，世界上第一批罐藏食品问世。1862年，法国生物学家巴斯德揭示了腐败与微生物的关系，为罐头的保藏及杀菌建立了科学的依据，发明了“巴斯德杀菌法”。随着科学技术的发展，罐头生产在原料品种选育、加工工艺、机械设备、包装装潢、检测技术等各方面都取得了很大的进步，罐头工业已发展成为大规模的现代化工业。

近年来，我国罐头工业发展迅速，目前食品罐头品种约有300余种，果品罐头主要有糖水水果罐头，此外，糖渍蜜饯、果酱、果冻、果汁等，也可采用罐头。

（二）罐制原理

1．微生物与果品罐制品加工关系

果品罐制品杀菌是指杀死食品中所污染的致病菌、产毒菌、腐败菌，并破坏食品中的酶类，使产品贮藏 2 年以上而不变质。但热力杀菌必须注意，应尽可能保存果品罐头和营养，最好还能做到有利于改善果品罐头的品质。控制杀菌温度和杀菌时间是保证食品质量极其重要的措施。

（1）真菌和酵母菌

酵母菌和真菌在介质的 pH 值在 4.5 以下时，都会引起果酱、果汁败坏，使汁液混浊、风味变劣。真菌和酵母菌一般都不耐热，在罐头杀菌过程中容易被杀灭。另外，真菌属好氧性微生物，在缺氧或无氧条件下，均会被抑制。因此，罐头食品很少遭到真菌和酵母菌的败坏，除非密封有缺陷，才会引起罐头败坏。

（2）细菌

细菌是引起罐头食品败坏的主要微生物，包括大肠杆菌、液化链球菌和嗜热链菌等，种类多、污染食品机会多。目前，所采用的杀菌理论和杀菌计算标准都是以某些细菌的致死为依据。细菌生长对环境条件要求各不相同，如水分、营养成分等，果品罐头食品恰好满足细菌生长的需要，残留的氧又恰好满足了嗜氧菌的生长繁殖。

细菌的生长与 pH 值密切相关，pH 值的大小会影响细菌的耐热性，进而影响罐头的杀菌和安全性。因此，按 pH 值的高低将罐头食品分为 4 类：低酸性、中酸性、酸性和高酸。但实际上，在罐头工业生产中，常以 pH 值 4.5 为分界线，pH 值 4.5 以下为酸性食品，如水果罐头等，通常杀菌温度为 100°C；pH 值 4.5 以上的为低酸食品，通常杀菌温度在 100°C 以上。这个界限的确定是根据肉毒梭状芽孢杆菌在不同 pH 值下的适应情况而定的，低于此值，生长受到抑制，不产生毒素；高于此值，适宜生长，并产生致命的毒素。食品中细菌数量也会受到很大影响，特别是芽孢存在的数量，数量越多，在同样的致死温度下杀菌所需时间越长。

2．酶与果品罐制品加工关系

酶的活动常引起制品变色、变味、变浊或质地软化，所以果品罐制品要将酶完全钝化。几乎所有的酶在 80°C 时，几分钟内就可以被钝化，即通常的杀菌温度足以钝化各种酶的活性。而在原料所含的各种酶中以过氧化物酶系统最耐热，甚至比许多抗热细菌还要强，尤其是采用高温瞬时杀菌和无菌灌装技术生产的果品罐头，微生物全部被抑制了，过氧化物酶却依然有活性。因此，常把过氧化物酶钝化作为酸性食品罐头杀菌的指标。

3．原料的 pH 值、化学成分与果品罐制品加工的关系

罐头内容物中的糖，淀粉，油脂，蛋白质和低浓度的盐水等能增强微生物的抗热性。大多数细菌在中性基质中有最大的抗热力，随着果品食品 pH 值的下降，抗热力减弱。

4．传热的方式、速度与果品罐制品加工的关系

罐头杀菌时，热的传递主要是借助热水或蒸气，因此杀菌时必须使每个罐头都能直接与介质接触。热量由罐头外表传至罐头中心的速度对杀菌效果有很大影响，影响罐头食品传热速度的因素主要有以下 4 个方面。

（1）罐头容器种类和形式

马口铁罐比玻璃罐具有较大的传热速率，在其他条件相同时，则玻璃罐的杀菌时间需稍延长。罐型越大。则热由罐外传至罐头中心所需时间越长，而以传导为主要传热方式的罐头更为显著。

（2）食品种类和装罐状态

流质食品由于对流作用使传热较快，但糖液、盐水等传热速度随其浓度的增加而降低。块状食品加汤汁的比不加汤汁的传热快；果酱等半流质食品，随着浓度的增高，其传热方式越趋向传导作用，所以传热较慢，特别是有些半流质食品，当温度升达某种程度时，半流质逐渐变为胶冻状态使整个升温过程前快后慢。总之各种果品食品含水量的多少、块状大小、装填的松紧、汁液的多少与浓度等，都直接影响到传热速度。

（3）罐头初温

（罐头在杀菌前的中心温度叫初温。初温的高低影响达到罐头中心所需杀菌温度的时间，因此在杀菌前注意提高和保持罐头食品的初温，就容易在预定时间内获得杀菌效果，这对于不易形成对流和传热较慢的罐头更为重要。

（4）杀菌锅的形式和罐头在杀菌锅中的状态

杀菌锅的形式和罐头在杀菌锅中的状态影响杀菌效果。静置间隙的杀菌锅不及回转式杀菌锅效果好。因为后者能使罐头在杀菌时进行转动，使罐内食品形成机械对流，从而提高传热性能，加快罐内中心温度上升，缩短杀菌时间。

5．罐头的真空度与果品罐制品加工的关系

罐头通过真空封罐，抽去顶隙气体，从而使顶隙形成部分真空状态，它是保持罐头不变质的重要因素，常用真空度表示。罐头真空度是指罐外大气压与罐内气压的差值，一般要求为 27～39kPa。在封罐过程中加热排气时，罐头密封温度越高，则真空度越大。罐内顶隙越大，真空度越大；但是加热排气不充分时顶隙越大，真空度越小。果品原料空气含量越多，则果品产品的真空度越低；水果越新鲜，果品产品封罐后的真空度越大。果品原料的酸度越高，越有可能将罐头中的氢离子转换出来，从而降低果品产品的真空度。

（三）罐制容器

罐藏容器对于罐头食品的长期保存起着很重要的作用，而容器的材料又是很关键的。供罐头食品容器的材料，要求耐高温高压，能密封、与食品不起化学反应；对人体没有毒害，不污染食品，保护食品，符合卫生要求；便于制作和使用，适合工业化生产；价廉易得，能耐生产、运输、操作处理和轻便等特性。完全符合这些条件的材料是很难得到的，按照容器材料的性质，目前生产上常用的罐藏容器大致可分为金属罐和非金属罐 2 大类。金属罐中目前使用最多的是镀锡铁罐和涂料的镀锡铁罐（涂料罐），此外还有铝罐和镀铬铁罐；非金属罐有玻璃瓶，塑料瓶，纸质复合材料和铝箔蒸煮袋等。

1．金属罐

常用材料是镀锡薄钢板，涂料铁皮，纯铝和铝合金薄板和镀铬薄板等。锡有保护钢基免受腐蚀的作用，即使有微量的锡溶解，对人体几乎不会产生毒害作用；涂料铁皮就是在薄钢板上涂一层涂料，以补充镀锡板的不足。由于食品和涂料直接接触，所以要求涂料无毒、无异味、不和食品反应、具有良好的耐腐蚀性能和使用方便等特点。金属罐易开罐，质轻，导热性能好，化学性稳定，又富有延展性。

2．玻璃罐

玻璃罐以玻璃为材料制成，玻璃的种类很多，随配料成分而异。玻璃罐化学性质稳定，可直观罐内产品的色泽、形状，可重复使用，而且密封性良好，能承受压力进行杀菌。缺点是开启比较困难，热稳定性差，质脆易破，重量大，加工不便等。

3．蒸煮袋

蒸煮袋又称软包装或高压复合杀菌袋，蒸煮袋由聚酯、铝箔、聚烯烃组成的复合薄膜材料制成。密封性好，可以电热封口，质轻，隔热性好，能忍受高温杀菌，能长期保存。蒸煮袋被认为是罐藏食品包装方面的一次重大进展，蒸煮袋的种类很多，层数也无限制，材料的选择视包装目的和需要而定。

（四）罐制工艺

果品罐制的工艺流程为：原料选择→预处理→装罐注液→排气→密封→杀菌→冷却→检验→贮存。

1．原料的预处理

原料的分选，洗涤和切分主要包括预料的清洗、选剔、分级、去皮、去核和切分等过程。挑选和洗涤是挑出腐败的、破碎的果品以及混在原料中的杂质，对浆果类水果要注意不要有损伤。分级是按原料的大小、质量、色泽和成熟度进行分类，以便于加工。有些果品加工时，须去除粗厚外皮，去皮方法有机械去皮、热力去皮和化学去皮 3 种方法。机械去皮是利用旋皮机和擦皮机等设备去皮；热力去皮是用高压蒸气或沸水短时间加热，使果品表皮突然受热松软与内部果肉组织脱离，然后迅速冷却去皮；化学去皮就是将去皮后的果品立即在流动水中彻底漂洗，再用0.3%～0.5%的枸橼酸中和，去除余碱并防止变色。最后根据产品的要求把果品切成合适的大小和形状。

护色是将果品原料放入沸水或蒸气中，短时加热处理，以破坏过氧化物酶的活性，稳定色泽，软化组织，杀灭部分微生物及排除原料中的空气，减弱氧气对罐头的腐蚀，从而延长贮藏期。

2．装罐

（1）空罐准备

果品装罐使用前均应进行彻底清洗，必要时可用5%的碱液或0.5%～1%的高锰酸钾溶液清洗，有的金属罐还要放在重铬酸钠或氢氧化钠中进行浸泡。各种罐盖在送入装罐密封车间前，需要进行打号处理。

（2）糖液配制

果品罐头多用糖液，对含酸量较低的果品还需添加枸橼酸以调整糖酸比。配制时所用的糖主要是蔗糖，此外还有果糖和葡萄糖。作为罐液的糖必须清洁卫生，不含杂质和有色物质。配制用水要求清洁无杂质，符合饮用水标准。配制浓度应保证开罐时糖液浓度在 14%～18%。装罐时所需糖液的浓度，一般根据水果种类、品种和产品等级来确定。

（3）装罐

原料经处理后，应趁热快速装罐。装罐原料要求无软烂、无变色斑点，同一罐内原料大小，形状，色泽要大致均匀；罐内装量准确，每罐净重允许公差±3%。装罐食品要求质量一致，严禁混入杂物。

注液要准确，并留有一定顶隙。顶隙是指罐头内容物表面到罐盖之间的垂直距离，一般要求为 6～9mm。顶隙大小对罐头质量影响很大。顶隙过小，杀菌时罐内原料受热膨胀，内压增大，容易造成罐头永久性变形或凸盖，严重者可造成密封不良；顶隙过大则会引起装罐不足，不合规格，同时会使残留空气量增加，造成罐壁腐蚀，使食品表面变色、变质。因此，在装罐和注液操作中，必须保持适宜的顶隙。

3．排气

排气是将罐头顶隙中和食品组织中残留的空气尽量排除掉，使罐头封盖后形成一定程度的真空状态，以防止罐头的败坏，延长贮存期限。排气的方法主要有热力排气法，真空排气法和蒸气喷射排气法3种。

（1）热力排气法

利用空气、水蒸气和食品受热膨胀冷却收缩的原理将罐内空气排除，常用的有热带排气法和加热排气法。热装排气法是先将食品加热到一定的温度（75°C）后立即装罐密封。采用这种方法，一定要趁热装罐、迅速密封，否则罐内的真空度会相应下降。加热排气法是将食品装罐后覆上罐盖，在蒸气或热水加热的排气箱内，经一定时间的热处理，使中心温度达到90°C左右，然后封罐。热力排气除了排除顶隙空气外，还能去除大部分果品组织和汤汁中的空气，故能获得较高的真空度。

（2）真空排气法

真空排气法是将装有食品的罐头在真空环境中进行排气密封的方法。常采用真空封罐机进行，因排气时间很短，所以主要是排除顶隙内的空气，而食品组织及汤汁内的空气不易排除，故对果品原料和罐液有事先进行抽气处理的必要。采用真空封罐机封罐，生产效率高，减少了一次加热过程，使成品质量较好。但此法不能很好地排除食品组织内部和罐头中下部空隙处的空气。

（3）蒸气喷射排气法

蒸气喷射排气法是在罐头密封前的瞬间，向罐内顶隙部位喷射蒸气，由蒸气将顶隙内的空气排除，并立即密封的方法。顶隙内蒸气冷凝后就产生了部分真空。

4．密封

罐头密封可以使食品与外界隔绝，不致受外界空气及微生物污染而引起败坏。虽然密封操作时间很短，但密封是罐藏工艺中一项关键性操作，直接关系到产品的质量。封罐应在排气后立即进行，一般通过封罐机进行。

5．杀菌

杀菌是罐藏工艺过程中最重要的一步，直接关系到罐头的保藏性及其品质的好坏。热杀菌基本可分为 70～80℃ 杀菌的巴氏杀菌法和 100℃ 以上的高温杀菌法，超过一个大气压力的杀菌为高压杀菌。杀菌的传热介质一般为热水和蒸气，以蒸气应用较多。杀菌加热介质向罐外壁的传热主要靠对流和传导 2 种方式进行，由罐外壁到罐内壁是靠传导，而由罐内壁到内容物中心最冷点的传热方式取决于内容物的性质和装罐情况。冷杀菌是不需要提高产品温度的杀菌方法，如紫外线杀菌法、超声波杀菌法和放射线杀菌法等。为了最大限度的保存营养成分，现采用高温瞬时灭菌法和不提高产品温度的冷杀菌法。

6．冷却

杀菌完后应立即冷却，防止余热对产品的破坏。如果冷却程度不够或拖延冷却时间，会使内容物的色泽、风味、组织结构受到破坏，促进嗜热微生物生长，加速罐内壁腐蚀。冷却的最终温度以 38～43℃ 为宜，此时罐内压力也已降至正常，罐头尚有一部分余热有利于罐头表面水分的蒸发。否则会因冷却温度太低，表面水分不易蒸发而使罐头生锈，影响外观。冷水冷却速度快、效果好、容易控制，生产上被广泛应用。

7．贮藏

贮藏仓库应有防潮措施，远离火源，保持清洁。贮藏仓库温度以20℃ 左右为宜，避免温度骤然升降，仓库内保持通风良好，相对湿度一般以不超过70%～75%为宜。底层仓库内堆放罐头成品时应用垫板垫起，垫板与地面间距离150mm 以上，箱与墙壁之间距离50cm 以上。罐头成品在贮藏过程中，不得接触和靠近潮湿、有腐蚀性或易于发潮的货物，不得与有毒的化学药品和有害物质放在一起。

四、刺梨糖制品

（一）刺梨果冻

何贵伟等[59]介绍了以刺梨为主要原料，白砂糖、柠檬酸等为辅料的刺梨果冻的制作研究。近年来，刺梨的加工利用多以食品为主，如刺梨饮料、刺梨酒等，对于刺梨果冻的研究还相对较少。该实验运用正交实验设计对果冻的配方进行研究，实验结果表明刺梨果汁 20.2%、白砂糖 15.0%、柠檬酸 0.15%、卡拉胶 0.90%的配方比生产制得的刺梨果冻色泽纯正、香气适宜、口感良好，而且加工而成的刺梨果冻营养丰富，拥有刺梨的独特风味。刺梨果冻的加工生产为果冻食品的发展开辟了一条新道路。

（二）刺梨果酱

黄国柱等[60]介绍了利用刺梨为原料，加工制作刺梨果酱的生产工艺。刺梨是一种蔷薇科的野生植物，在贵州、云南、四川等地产量较大，常被用于制作刺梨食品，刺梨果酱风味独特、味道鲜美、营养丰富，是一种深受大众欢迎的保健食品。制作刺梨果酱时，需经过选果、清洗、切半去籽、软化、打浆、配料、浓缩、装罐、杀菌、冷却一系列过程，加工出来的刺梨果酱呈淡黄色或黄棕色、色泽均一，具有独特的味道。

黑番茄[61]为正圆形、紫黑色，具有浓郁的香味、酸甜的味道，其中抗氧化物质花青素和维生素C的含量较普通番茄高出数倍，具有极高的营养价值，是番茄家族中的珍品。由于其独特的味道，常被用于制作甜食。明日叶是一种伞形科当归属多年生草本植物，明日叶中含有叶酸、B族维生素等营养成分，具有抗癌、降血糖、降血脂等功效。文献选用黑番茄、明日叶与刺梨相搭配制作具有保健性能的黑番茄酱，详述了黑番茄酱的生产工艺过程，通过进行正交试验确定了各个配料的比例。此种黑番茄酱不仅可以增加刺梨果酱的品种、改变单一果酱的风味，还能将各配料的营养成分相互搭配，从而满足人体保健的需要。

（三）刺梨果奶

杨胜敖等[62]介绍了以刺梨果汁为主要原料，生产刺梨果奶的工艺研究。目前市场上常见的是刺梨果汁饮料，刺梨果奶相对于饮料来说口感更好、营养价值更高。先将刺梨加工制备成刺梨汁，再将白砂糖、脱脂奶粉、乳化稳定剂等辅料分别溶解后再按一定的顺序先后均匀加入，最后将调配后的料液经均质、脱气、灌装、杀菌、冷却、检验后即得成品。加工而得的成品刺梨果奶质地、色泽均匀，具有刺梨和果奶的双重香味，酸甜可口、口感细腻，与其他果奶相比有不同的风味，而且营养丰富、保健功能强。

（四）刺梨软糖

袁豆豆等[63]介绍了以刺梨为主要原料，白砂糖、麦芽糖、苹果酸、卡拉胶和琼脂为辅料的刺梨软糖的制作过程。通过对刺梨软糖品质的评价，选择适当的凝胶剂、酸度调节剂等辅料，确定凝胶剂的比例。通过正交试验和感官评价确定刺梨软糖的最佳配方是刺梨汁 12%、白砂糖 15%、麦芽糖浆 10%、凝胶剂（琼脂:卡拉胶=1:1）1%、苹果酸 0.15%。按此配方制作出来刺梨软糖表面光滑、色泽均一，有良好的口感和嚼劲，软硬度合适。

刺梨的营养成分丰富，可加工成为饮料、刺梨酒、刺梨果奶等食品，加工后残留的刺梨果渣[64]仍然会有一定的营养价值，果渣中仍然残留大量的有机酸、蛋白质、维生素C、粗纤维等营养物质，直接扔掉会造成资源的浪费。文献旨在研究刺梨果渣制作软糖的生产工艺，将刺梨果渣和不同的胶凝剂进行复配，通过对制得的软糖进行感官评定而筛选出合适的胶凝剂，从而制作出具有色泽均匀、软硬适宜、柔软且有微弹性、易嚼不黏牙、嚼完无残渣等优点的刺梨软糖。优化工艺后制作出的软糖具有良好的口感、外观，再加上一定的营养价值，是受各类消费人群欢迎的休闲食品。

（五）刺梨夹心饼干

市面上的饼干种类很多，饼干一直是老少皆喜爱的休闲食品之一。刺梨饼干[65]种类还很少，但是以刺梨为夹心的饼干，其维生素含量比普通饼干高得多。参照普通饼干的传统配方，选用精面粉、蔗糖粉、油脂等为原料，再加入适量党参、茯苓等滋补药材作为辅料，即可做出好吃又营养的夹心饼干。

（六）刺梨糕

杨胜敖[66]介绍了以刺梨汁为原料的刺梨蛋糕的制作工艺。炭烤甜点蛋糕松软可口、入口易化，一直受到广大消费者的喜爱。但随着人民生活水平的提高，对健康生活的要求越来越高，人们开始对于蛋糕这种富含蛋白质、碳水化合物而维生素含量较低的食物要求有所提高。以刺梨为原料烘烤出来的蛋糕，可提高蛋糕中的维生素含量，还能使蛋糕具有刺梨的独特风味，在好吃又好闻的同时，使刺梨蛋糕还具有一定的保健功效。刺梨蛋糕的出现增加了刺梨产品的品种，还能满足消费者对营养的追求，一举两得。

除了刺梨蛋糕外，刺梨还可以用于制作刺梨果糕[67]，以刺梨浓缩汁为主要原料，经加热浓缩后，将事先溶解过滤好的白砂糖和胶凝剂加入到刺梨浓缩汁中混合，再经干燥即可成型。胶凝剂的选取及用量、白砂糖的用量均需经过实验优化筛选，才能制作出原味浓郁、质地均一、软硬适宜、口感良好的刺梨果糕。

（七）刺梨果脯

徐坤等[68]介绍了以野生刺梨和蔗糖为主要原料生产刺梨果脯的方法。先挑选适宜的野生刺梨，再将刺梨经清洗、脱刺、切半去籽、护色硬化、清洗、烫漂、糖制、烘烤后即得成品。生产出来的刺梨果脯甜酸可口、软硬适宜，口感极佳，是休闲娱乐时对零食的最佳选择。

第五节　刺梨保健食品

一、刺梨口服液

吴孟平等[52]介绍了以野生刺梨、天然抗氧化营养素、微量元素和生物活性物质为主要原料，研制的一种天然营养保健口服液“安福宝”。实验将 Wistar 雄性大鼠分为实验组（服口服液）和对照组，采用单笼对喂控制饲养法饲养 30d。观察 2 组大鼠的生理、生化指标的变化以及抗癌实验的结果。实验结果显示，该“安福宝”口服液能改善机体的营养状况、防止血脂水平升高、提高机体内的抗氧化能力，以及可阻断致癌物对肝细胞的损伤，预防肿瘤的发生。这种天然口服液还可以补充营养元素，是一种可增强机体活力、抵御疾病的天然营养性口服液。

丽人口服液[53]为棕褐色的药液，主要成分包括刺梨、制首乌、紫苑、白藓皮、桑葚以及适量的硒元素。文献主要通过实验探讨丽人口服液的抗衰老作用，实验结果显示，丽人口服液可以增强机体的免疫能力、抑制自由基对免疫器官的损害、延缓免疫功能的下降，从而延缓衰老。

二、刺梨胶原蛋白片

张容榕等[54]介绍了刺梨胶原蛋白片及其制备方法。将刺梨经采摘选取、预冻、升华干燥、解析干燥、粉碎处理后得到刺梨冻干粉，然后在冻干粉中加入多种辅料，如胶原蛋白粉、葡萄籽提取物、甘露醇、木糖醇等。胶原蛋白具有养气血，补肾固精，美容美发，改善皮肤，促进生长发育，增强机体抵抗力，加强调解内分泌功能，改善肠道的功效。葡萄籽提取物由天然葡萄籽中提取的有效活性成分与维生素E等原料精制而成，具有超强的延缓衰老的进程和增强免疫力的能力。将刺梨与这些原料制作成为刺梨胶原蛋白片，既方便携带食用，营养价值又极高，是一种集风味性、方便性、营养性于一体的保健品种。

三、刺梨胶原蛋白咀嚼片

李爱民[55]介绍了刺梨粉和深海鱼胶原蛋白复配，通过直接压片法生产无糖型胶原蛋白刺梨咀嚼片的工艺研究。研究表明，以刺梨粉和胶原蛋白粉为原料、异麦芽酮和糖醇为主要的成型辅料、甜菊糖苷为天然的甜味剂、制得的刺梨胶原蛋白咀嚼片具有刺梨的风味，软硬适中、口感好。此咀嚼片使用异麦芽酮和糖醇为辅料，二者都是甜味较低的食品甜味剂，故生产出来的咀嚼片也是低糖型的。近年来糖尿病患者的人数逐年增加，肥胖患者也不在少数，再加上经常食用甜食会导致龋齿，因此含糖量高的甜食越来越不受消费者的追捧。相反地，无糖型食品的销售额逐年增高，因此无糖型咀嚼片不光具有一定的保健作用，还能间接的保护消费者的健康。

四、刺梨茶

刺梨[56]成熟后具有独特的香味，味道酸甜，直接食用能够帮助人体消化。有报道称，将刺梨泡水当做茶水饮用的话，具有减肥瘦身的功效。

将刺梨与苦丁茶、魔芋加工而成的苦丁刺梨魔芋茶[57]，除了刺梨具有的营养保健作用外，魔芋还具有预防心血管疾病、高血压、肥胖症等功能，以及苦丁茶具有降血脂、清热解毒、强身健体的功效。营养丰富的苦丁刺梨魔芋茶可作为日常茶水来饮用，既方便又能保养身体，是一种极具有实用性的饮品。

绞股蓝[58]被誉为“南方人参”，其袋泡茶具有抗癌、抗衰老、降胆固醇、降血脂、祛痰止咳、补肾益气等功效，但是由于绞股蓝袋泡茶单独饮用口感较差，可能会影响一部分消费者的选择。为解决绞股蓝口感差的问题，将绞股蓝与刺梨、刺梨果汁相混合，制作为袋泡茶，三者味道相互混合，可调节绞股蓝的口感，还能使其营养加强。混合后的袋泡茶口感适宜，必将受到消费者的喜欢。

第六节　刺梨药品及其他应用

一、刺梨药品

（一）仙人掌胃康胶囊

仙人掌胃康胶囊，批准文号：国药准字 Z20025704，2015 年 5 月国家食品药品监督管理总局批准的含有刺梨组方的中成药，由贵州顺健制药有限公司生产。【功能主治】中医：清热养胃，行气止痛。用于胃热气滞所致的脘腹热痛，胸胁胀满，食欲不振，嗳气吞酸，以及慢性浅表性胃炎见上述证候者。

（二）小儿消食开胃颗粒

小儿消食开胃颗粒，批准文号：国药准字 Z20025749，2016 年 4 月国家食品药品监督管理总局批准的含有刺梨叶组方的中成药，由贵州科顿制药有限责任公司生产。【功能主治】健胃消食导滞。用于食滞胃肠引起的小儿厌食，积食饱胀。

（三）康艾扶正胶囊

康艾扶正胶囊，批准文号：国药准字 Z20027662，2015 年 3 月国家食品药品监督管理总局批准的含有刺梨组方的中成药，由贵州汉方药业有限公司生产。【功能主治】中医：益气解毒，散结消肿，和胃安神。用于肿瘤放化疗引起的白细胞下降，血小板减少，免疫功能降低所致的体虚乏力、食欲不振、呕吐、失眠等症的辅助治疗。

（四）金刺参九正合剂

金刺参九正合剂，批准文号：国药准字 Z20025506，2015 年 3 月国家食品药品监督管理总局批准的含有刺梨鲜果组方的中成药，由贵州老来福药业有限公司生产。【功能主治】中医：解毒散结，和胃生津。用于癌症放化疗引起的白细胞减少、头昏、失眠、恶心呕吐等症的辅助治疗。

（五）康艾扶正片

康艾扶正片，国家食品药品监督管理局批准的含有刺梨组方的中成药，目前有三个生产厂家，分别为：批准文号国药准字 Z20080368，由吉林吉尔吉药业有限公司生产；批准文号国药准字 Z20080418，由山东仙河药业有限公司生产；批准文号国药准字 Z20090561，由四川泰华堂制药有限公司生产。【功能主治】中医：益气解毒，散结消肿，和胃安神。用于肿瘤放化疗引起的白细胞下降，血小板减少，免疫功能降低所致的体虚乏力、食欲不振、呕吐、失眠等症的辅助治疗。

（六）血脂平胶囊

血脂平胶囊，批准文号：国药准字 Z20025713，2015 年 6 月国家食品药品监督管理总局批准的含有刺梨组方的中成药，由贵州太和制药有限公司生产。【功能主治】中医：活血祛痰。用于痰淤互阻引起的高脂血症，证见胸闷、气短、乏力、心悸、头晕等。

二、刺梨的其他应用

目前刺梨多应用在食品、饮料和保健品方面，在卷烟方面的应用相对较少。卷烟中的香料大多来自于大自然，如植物的花、果、叶、根等都是香料的重要来源。有研究[69]表明，刺梨的提取物也可成为卷烟制作的辅料，刺梨的提取物中含有烯、酯、醛、酮、有机酸等致香物质，加入到卷烟中，具有明显增香、改善烟的余味和减轻苦涩味的作用。因刺梨中成分太多，需将其他影响卷烟品质的成分剥离出去，王娜等[70]采用膜分离技术对刺梨提取物进行分离评级鉴定，找到了最佳的膜分离工艺，从而筛选出影响卷烟质量的如蛋白质、纤维素等大分子物质，只保留具有原有特色香味的物质。刺梨总黄酮可用于卷烟中，加入黄酮化合物的香烟具有明显的柔和香气、杂味减少、生津回甜的特点，可明显改善香烟的品质。

第七节　刺梨的相关专利

一、刺梨的保健食品

1．安福宝口服液

吴孟平等的专利[52]，采用刺梨提取物、超氧化物歧化酶（SOD）脂质体、甘露醇等作为原料发明而得，该口服液能增强体内 SOD 的活力、预防老年病的发生，还能降低体内血中总胆固醇和甘油三酯含量，并且能够保护肝脏组织以及降低肿瘤的发生率。

2．超氧化物歧化酶口服液

袁北海等的专利是将野生刺梨分离提取后获得的超氧化物歧化酶（SOD）、过氧化氢酶（CAT）、硒等多种有效成分，配以党参、黄芪、枸杞子、龙眼、大枣渗漉液制成的一种新型的含 SOD 的口服液制剂。该口服液是一种既高效又安全的保健型口服液，对神经衰弱症患者、鼻出血患者等都有较好的效果。

3．刺梨蜂胶抗癌蜜浆

赵文谦等的专利发明了一种保健品，刺梨蜂胶抗癌蜜浆是依据中医学和营养学方面的配制法则，以刺梨、蜂胶、蜂王浆、蜂花粉、蜂蜜、刺梨酒液为原料加工配制而成的。该蜜浆是集刺梨和蜂胶的营养为一体的抗癌防癌，美容的保健饮品。

4．刺梨口服液

朱召留等的专利发明了刺梨口服液的制备方法。口服液以刺梨鲜果为原料，山梨酸钾、甜蜜素、木糖醇为辅料，再加适量的蒸馏水，即可制成刺梨口服液，该刺梨口服液具有免疫调节的功能，对非特异性免疫功能和液体免疫功能具有明显的增强作用。

5．刺梨吸嚼片

徐建华等的专利发明了刺梨咀嚼片，将成熟刺梨果加工成刺梨果肉微粉待用，按比例将刺梨果肉微粉与蔗糖、柠檬酸搅拌混合均匀，经化工压片可得蔗糖型咀嚼片；若将微粉与柠檬酸、麦芽糊精、山梨糖醇以及复合甜味剂经加工压片，即得低糖型咀嚼片。

郑殿钦等的专利发明了刺梨健脾益智咀嚼片的生产工艺，该咀嚼片的主要成分包括刺梨粉、山楂粉、鸡内金、太子参、火麻仁粉，将各药材加工压片即得本产品。由于本产品不添加蔗糖，故适用于各类人群，尤其适合幼儿，具有健脾开胃、消食化积的作用。

6．刺梨软胶囊

朱召留等的专利发明了刺梨软胶囊的制作方法，使用该方法加工而成的刺梨软胶囊是一种保健品，具有免疫调节的作用。

7．一种刺梨延年益寿膏

郑殿钦等的专利讲述的延年益寿膏，是以刺梨、女贞子、党参、灵芝、杜仲、丹参为原料制作出来的。具有健脾消食、补中益气、活血养血、强身健体、延年益寿的功效。

8．一种养生延寿的口服液

阮春菱等的专利介绍了一种养生延寿的口服液，它主要的原料为刺梨果和余甘果的提取液。本发明通过对原料和工艺条件的优化，突破性地获得了使SOD滋长的提取方法。长期服用该产品能使人们健康长寿。

9．刺梨肢原蛋白片

张容榕等的专利发明了刺梨胶原蛋白片的制备方法。是以胶原蛋白粉、刺梨冻干粉、左旋维生素C和葡萄籽提取物为原料，淀粉、山梨醇、甘露醇等为辅料加工而成的刺梨胶原蛋白片。该食品是一种纯天然的营养食品，具有美容美颜、改善皮肤、增加免疫力、抗疲劳、抗氧化的作用。

10．刺梨酵素

郑鲁平等的专利公开了刺梨酵素的制备方法。本发明打破了常规酵素单一配方的制备技术，采用刺梨和其他多种植物食材为配方。此种酵素在补充人体所需要物质的同时还能补充身体内的酶。

11．刺梨养生茶颗粒

刘云龙等的专利公开了刺梨枇杷叶润肺养生茶颗粒的制备方法。该颗粒的主要成分为绿茶粉、刺梨、枇杷叶、四季豆、维生素C等，其中添加的维生素C能增强绿茶粉的抗氧化作用、四季豆能改善养生茶的颜色，使之冲泡出来的色泽诱人、香气扑鼻。

12．核酸因子口服液

林顺和等的专利公开了一种核酸因子口服液的制备方法。主要成分包括核酸、刺梨原汁、蔗糖、六偏磷酸钠等，制备过程为核酸原液的制备、刺梨原汁的制备、混合调配、灭菌、灌装即可得成品。该口服液口感良好，营养成分丰富，保健功效明显。

13．一种SOD复合健身丸

刘登明等的专利发明了一种植物SOD复合健身片（丸）的制备方法。其以植物性SOD野生刺梨精粉、肉豆蔻、菟丝子等多种天然植物为原料，具有明显的强肾、保肝、强身健体、健脾消食的功效。

14．一种刺梨金银花保健速溶茶珍

高秀丽等的专利公开了一种刺梨金银花保健速溶茶珍及其制备方法，其主要成分包括刺梨、金银花等。本发明具有清热解毒、健脾保肝的功效，是美容养颜、排毒养肝的佳品。

15．一种保健茶

高秀丽等的专利公开了一种保健茶及其制备方法，其主要成分包括灵芝、刺梨等。该保健茶具有抗疲劳、增强免疫力、抗老年痴呆、帮助睡眠，预防心血管疾病、神经衰弱及肝损伤的作用。

16．一种酵素化刺梨养生饮品

杨小生等的专利公开了一种酵素化刺梨养生饮品。其以药食用植物提取物（野木瓜、拐枣、铁皮石斛）、刺梨、白糖、纯净水为发酵原料，采用三段式酵素化工艺（酒曲、酵母和醋酸菌酵素化）发酵而成。该养生饮品保持了刺梨原有的特殊果香味，去除了苦涩味，丰富了风味物质和营养成分以及维生素C、三萜、黄酮等功能成分，充分承载了刺梨及药食用植物提取物的健胃消食、润肠通便、增强机体免疫力等功效。

17．刺梨养生风味果醋

杨小生等的专利发明了一种刺梨养生风味果醋及其制备工艺，其原料包括刺梨鲜果、鱼腥草、白糖和纯净水。本发明在果酒发酵环节加入药食同源植物折耳根（鱼腥草），不仅抑制了发酵过程中杂菌的生长，同时为果醋增添了有益功效成分，使得产品保留了刺梨的风味，丰富了风味物质、营养成分和功能成分，强化了改善胃肠道功能、调剂免疫和抗辐射的作用。

18．刺梨果袋泡茶

黄莉等的专利提供了一种刺梨果袋泡茶及其制备方法。所述袋泡茶由刺梨果、茶叶制成，具有健胃、消食、滋补、止泻、滋阴明目等功效，还具有抗衰、抗病毒、抗辐射的作用，同时在心血管、消化系统和各种肿瘤疾病防治方面也有一定的作用。

19．刺梨叶袋泡茶

黄莉等的专利提供了一种刺梨叶袋泡茶及其制备方法，其由刺梨叶、茶叶制成。该袋泡茶具有能促进食物的消化和吸收，增强人体新陈代谢的功能，减肥养颜等功效。

二、刺梨饮料

1．刺梨、橙汁复合饮料

钟庆生等的专利发明了刺梨、橙汁复合饮料的制备方法，此方法操作简便、工序简单，大部分工序都是在常温、常压条件下进行的，而且不需要添加任何的添加剂，整个工序绿色环保，产品也保持着原有风味和营养成分。

2．刺梨、火棘复合饮料

吴月存等的专利发明了刺梨、火棘饮料的制备方法，是以刺梨、火棘为主要原料，白砂糖、六偏磷酸钠、山梨酸钾为辅料制作而成的。用此方法制作出来的复合饮料为橙黄色，色泽均匀一致，具有浓郁的刺梨和火棘混合协调的香气；口感良好、酸甜适口，澄清透明，久置会出现微量的沉淀。

3．刺梨、菊花、草莓复合果蔬汁

吴金霞等的专利发明了以刺梨、菊花、汁、菊花汁、草莓浆为主要原料，白砂糖、此法制备的复合饮料为暗红色，均匀一致，者的混合香气。草莓复合饮料的制备方法，是以刺梨柠檬酸、琼脂为辅料加工制作的。用口感纯正，具有刺梨、菊花、草莓3者的混合气体。

4．刺梨、沙冬、苹果复合饮料

吴肖慧等的专利发明了刺梨、沙枣、苹果复合饮料的制备方法，该制备方法以刺梨汁、沙枣汁、苹果汁为主要原料。如此制备出来的饮料呈淡黄色，口感良好，营养物质丰富，色泽均一，口味纯正，具有3种原料的混合香气。

5．刺梨、花粉、蜂蜜饮料

廉勇等的专利公开了刺梨、花粉、蜂蜜饮料的生产工艺。该饮料富含人体所需的多种成分，SOD和维生素C的含量尤其高，用此工艺制作出来的饮料酸甜可口，具有健脾开胃、增加食欲、保肝养颜、降血脂血糖的作用，以及一定的营养保健作用。

6．刺梨苦瓜饮料

王晓阳的专利发明了以刺梨、苦瓜为主要原料，柠檬、西红柿、胡萝卜、桃花、白砂糖为辅料的刺梨苦瓜饮料。该饮料集合了多种物质的口味和功效，维生素C含量高，饮用后回味无穷，无副作用。

7．刺梨葡萄醋饮料

赵文谦等的专利发明了一种刺梨葡萄酒原汁饮料。将刺梨、葡萄作为主要原料，将其榨汁后再配以小米醋、白砂糖、天然山野花蜂蜜，密封发酵，即得刺梨葡萄醋饮料。该饮料口感好，还具有明显的降血脂、降血压、软化血管、防癌抗癌等作用。

8．刺梨绞股蓝富硒饮料

王万贤等的专利介绍了刺梨绞股蓝富硒饮料，它是以刺梨原汁、绞股蓝总苷、富硒矿泉水为原料生产出来的。刺梨和绞股蓝都含有丰富的营养成分，再加上丰富的硒元素，使得该发明具有延缓衰老、提高免疫力、预防疾病的作用，是一种具有保健作用的饮料。

9．刺梨、芦荟、余甘果、核桃汁混合饮料

阮春菱等的专利发明了刺梨、芦荟、余甘果、核桃汁混合饮料的制备方法，此混合果汁是将芦荟提取物、余甘果提取物、刺梨提取物混合包装在一起，将核桃汁单独包装，2个包装之间用塑料薄膜作隔离物。4种成分混合在一起形成的饮料，口味独特，营养丰富。

10．刺梨、马蹄复合饮料

吴金霞等的专利讲述的刺梨、马蹄混合饮料是以刺梨和马蹄为主要原料，白砂糖、柠檬酸、苯甲酸钠为辅料制作而成的。成品饮料具有刺梨和马蹄的混合香味，酸甜可口、口味纯正，具有清凉味。

11．山楂、刺梨复合饮料

吴肖慧等的专利发明了利用山楂、刺梨制作复合冲饮茶饮料的工艺，该饮料的主要原料为山楂、刺梨、沙枣，辅料为天冬、玫瑰花、冰糖、茶叶。该冲饮茶饮料酸甜适宜，具有止咳化瘀、健胃消食的作用。

12．双梨饮料

赵光远等的专利发明了利用刺梨、梨为原料的混合饮料的制备方法，该工艺生产出来的混合饮料，不添加任何的甜味剂和酸味剂，最大地保持了原果肉的味道，营养丰富，适合各种人群。

13．悬浮饮料

谭强等的专利发明了一种果糖刺梨汁悬浮饮料的生产方法。即先将刺梨汁加入复合澄清剂得到澄清刺梨汁，再加入辅料等得到刺梨清汁，最后将准备好的固体果汁粒、半固体果汁粒按一定的比例加入到刺梨清汁中，混合均匀即可得到全凝固、半凝固、液态 3 种状态的果糖刺梨汁悬浮饮料。此产品适合包括糖尿病人群在内各类人群饮用。

14．刺梨红汤饮品

唐俊的专利发明了刺梨红汤饮品的制备方法。此产品的特别之处在所用原料叶、芽头、嫩果，都是刺梨的一部分。制作出来的红汤饮品色、香、味俱全，是具有保健作用的刺梨饮品。

15．刺梨苏打水

张高等的专利发明了刺梨苏打水的制法。用此方法生产的苏打水，可以避免往苏打水中加入添加剂、香精和防腐剂而使苏打水的保质期延长，增加苏打水的营养成分，使得刺梨苏打水具有增强人体抵抗力的作用。

16．刺梨奶

宋安富的专利发明了刺梨奶的制作工艺。将优质的刺梨与奶、糖、水按比例在一定的条件下进行调配从而制得刺梨奶。该刺梨奶中的蛋白质和维生素含量都高，具有刺梨的独特风味，口感好，易于消化。

三、刺梨茶

1．刺梨保健茶

张华等的专利发明了刺梨保健茶的制备方法。以刺梨为主要原料，搭配酸枣仁、决明子、银杏叶加工制备出来的刺梨保健茶，具有延年益寿、祛病强身的功效。

2．刺梨袋泡茶

洪玉的专利发明了以刺梨为原料的袋泡茶制备方法。刺梨经切片、去核、烘干、剔除杂质、粉碎、过筛、干燥灭菌、冷却后，将得到的刺梨粉包装成袋，即成刺梨袋泡茶。该刺梨茶包含刺梨的所有营养成分，具有一定的保健作用。

3．刺梨健身茶

袁渊成的专利介绍了刺梨健身茶的制作方法，该健身茶属于茶配制品。该发明是以刺梨为主体，按照一定的比例加入茶叶和某些药材加工，即可制得袋泡茶。用此方法，根据药材的不同，可制成不同的茶，一种为“杜仲刺梨健身茶”，另一种为“天麻首乌健身茶”。此茶可以长期饮用，能够起到滋补营养、延年益寿、强身健体、增强体质的作用。

4．刺梨美白茶

郑殿钦的专利发明了刺梨美白茶的生产工艺，该产品的原料包括刺梨、玫瑰、柠檬和甜叶菊。本方法发明的美白茶富含 SOD，维生素 C，钙、铁、磷等微量元素以及 20 多种氨基酸，长期饮用对人体非常有益，具有抗氧化、美白养颜、抗衰老、清热明目、活血化瘀、健胃消食等多种功效。

5．刺梨养生茶

张晓葳等的专利公开了一种雪莲刺梨养生茶，产品原料为刺梨、大枣、黄芪。原料间相互补充，无毒副作用，口感较好。

6．刺梨红茶

郑鲁平等的专利公开了刺梨红茶的制备方法。主要原料有夏秋茶。该发明采用刺梨叶为原料，梨的有效成分使得做出来的红茶保健功能更强。本产品具有明显的蜜香和乳香风味，而且刺梨红茶的冲泡次数明显比普通茶多，经济又实惠。

7．首乌刺梨茶

魏玉宝等的专利发明了一种适合老年人饮用的首乌刺梨茶，此种刺梨茶集合了首乌和刺梨的双重功效，长期饮用对心血管的健康有好处，还具有抗衰老作用。为方便还可将此种茶加工成袋泡茶，饮用时可以直接冲泡，简单又方便。

四、刺梨发酵品

1．刺梨酸奶

苏刘花的专利介绍了刺梨酸奶的制备方法。本产品是由乳制品配以刺梨浓缩汁、稳定剂、蔗糖，经菌种发酵而成的。刺梨酸奶含多种益生菌和维生素、SOD 成分，具有健胃消食、滋补强壮、排毒养颜的功效，是一款具有保健作用的饮品。

2．刺梨醋

卯昌书等的专利发明了刺梨醋的制备方法。该方法是以刺梨为主要原料、糯米和 50 种中草药为辅料，共同发酵而成的食品。用此方法生产出来的刺梨醋具有保健作用，可以作为烹饪的调料，亦可作为饮料直接饮用，是一种具有独特风味的刺梨调味品。

3．刺梨干型发酵果酒

谭书明等的专利发明了一种利用刺梨制作干型发酵果酒（干红和干白）的方法。以刺梨果汁为原料，采用特定的生产工艺解决刺梨果中酸和单宁含量高的缺点，生产出营养价值高、风味醇和的刺梨干型果酒，丰富了我国干型果酒花色的品种。

4．刺梨啤酒

陈严等的专利发明了刺梨啤酒的制作工艺，使刺梨的营养成分与啤酒的独特风味相结合，制成一种营养型的保健酒。

5．刺梨发酵饲料

危克周等的专利发明了一种利用刺梨残渣发酵动物饲料的方法。饲料的原料为刺梨残渣、菜子饼、尿素和酵母菌，此方法发酵出来的饲料营养丰富，适用于多种动物，可以改善动物消化能力，预防消化不良。将刺梨残渣制成饲料，有利于充分利用资源，起到变废为宝的作用。

6．木瓜刺梨黄酒

彭常安等的专利发明了木瓜刺梨黄酒的酿造方法。以刺梨、木瓜为原料，糯米为基质，来提高黄酒的营养成分，经一系列加工发酵后即可得到木瓜刺梨黄酒。木瓜和刺梨的加入提高了黄酒的营养价值，使得黄酒具有健胃消食、滋补营养的功效。

7．松针酒

牟君富的专利发明了一种松针酒，它由松针汁发酵而成，是以刺梨果酒、葡萄酒以及黄酒酵母菌种为混合菌种接种发酵的。该松针酒营养成分丰富、口感好，特别适合妇女和中老年饮用。

8．薄荷清凉刺梨酒

吴红旗的专利发明了一种薄荷清凉刺梨酒，本发明用糯米发酵米酒，再泡制而成，再配合枸杞、薄荷、灰树花，即可得薄荷清凉刺梨酒。常饮有防癌抗衰老，清除血管垃圾的功效。

五、刺梨糖制品

1．刺梨果糕

叶双全的专利发明刺梨果糕的制备方法。产品配方为刺梨果浆、野木瓜果浆、黑樱子果浆、葡萄糖、白砂糖、琼脂、柠檬酸、异维C钠。成品果糕风味独特、质地均匀、软韧而脆，酸甜可口，还含有丰富的营养成分，是具有一定市场竞争力的休闲食品。

2．刺梨蜜饯

陈新明的专利发明了刺梨蜜饯的制备方法。原料按重量比重将刺梨果 90～100份，将甜味剂分为10～25份。制造出来的蜜饯甜味适中、口感较好，制作工艺科学简单、易操作，使得刺梨中的营养成分不易被破坏，成品蜜饯保留刺梨的营养成分。

3．刺梨果脯

陈林的专利讲述了刺梨果脯的加工方法。生产工艺的主要成分为刺梨，辅料为抗氧剂氯化钠、水和糖。氯化钠和水的主要作用是去除刺梨中的单宁成分，从而去除刺梨的酸涩味，改善果脯的味道。通过抗氧剂和加热阻止残留在刺梨中的单宁褐变，解决单宁褐变的问题。

4．刺梨糖果

王利军的专利介绍了刺梨糖果的制备方法，它是由刺梨粉压制而成的，可以根据需要压制成矩形、平行四边形、三角形、梯形等各种形状，携带方便，食用方法简单，是卫生无污染的一种刺梨糖果。

5．刺梨香酥

唐世海的专利介绍了刺梨香酥的制作工艺，其是以刺梨为主要原料，大米、糯米、玉米、蔗糖、高级植物油为配料加工制作而成的。该产品营养丰富、香酥可口，是一种具有保健作用的膨化食品。

6．刺梨软糕

张芝庭等的专利公开了刺梨蓝莓软糕的制作方法。此法制作出的软糕维生素C含量高、营养丰富，既有水果的香味，还有刺梨的气味，松软可口、甜而不腻，深受消费者的追捧。

7．刺梨巧克力糖

王佳英的专利公开了一种刺梨巧克力糖，它是以刺梨、黑巧克力、蔗糖酯、黄油、白砂糖等为原料加工而成的。此刺梨巧克力糖保留了刺梨的营养价值，具有刺梨的酸甜口感和巧克力的味道，能够满足多数消费者的要求，受到大多数人的喜爱。

六、刺梨的其他专利

1．刺梨粉

冯峥国的专利发明了一种将刺梨果加工调配成刺梨粉的方法，该刺梨粉作为原料或添加料应用于食品、医药品等，具有防癌抗癌、美容的功效。

2．刺梨罐头

方修贵等的专利介绍了刺梨罐头的加工方法和加工所用的工具，将刺梨经挑选分级、浸泡、去皮、果实成块、保脆、漂洗、装罐、密封、杀菌等工序后即可制得刺梨罐头。该方法利用滚筒状去皮机去毛刺和果皮，圆筒状去心器去掉刺梨的果心。

3．刺梨美白乳

郑殿钦的专利中的刺梨外用美白乳是由刺梨、白芷、珍珠粉、玫瑰、乳化基质为原料制作成的，该产品美白养颜、易于吸收，是一款营养成分十分丰富的外用美白乳。

4．刺梨面条

李保生的专利发明了利用刺梨制作面条的技术。将刺梨滤液与面粉混合，加适量水揉成面团，即可制作出具有刺梨风味的面条。与传统面条相比，刺梨面条具有独特的香味，营养成分更丰富，劲道爽口，老人和儿童食用益处多多。

5．刺梨配合饲料

杨建平等的专利涉及了一种肉鸡饲料的制备方法。在肉鸡饲料中添加刺梨的提取液混合得到的刺梨肉鸡饲料，肉鸡食用后可以提高肉鸡的防氧化能力，还可以提高鸡的免疫能力，能够使鸡的日食量和日增量提高。

6．刺梨精华素

李保生的专利发明了一种以刺梨为原料的食品添加剂，即刺梨精华素。该产品可作为各种食品的添加剂，无异味，不但不会影响食品的品质，还保有刺梨的药用保健功能，可提高人体的免疫力，增强体质。经实验表明，此产品是一种天然的食品添加剂，具有降血压、降血脂、美容保健的作用。

7．刺梨精制膏

杨建飞等的专利发明了将刺梨加工成为精制膏的方法。将刺梨经低温低速榨汁、沉降、取上清液、低温浓缩成粗膏、减压浓缩，即可得刺梨精制膏。该方法操作简单、省时省力，能够最大程度地保持刺梨的营养和汁液不流失，保持刺梨精制膏的天然风味。

8．润肤面膜

麻本莲的专利发明了一种含有刺梨成分的保湿润肤面膜，该面膜是以蓝莓提取液、刺梨子提取液、洋甘菊提取液、当归提取液、橄榄油等原料通过合理的配比配制而成的。该发明充分利用了各原料的有效活性成分，制作出来的面膜保湿效果好、纯天然、无副作用。

9．餐具除菌清洁液

王新的专利发明了一种餐具除菌清洁液，它是由刺梨根、玉米秆、花生壳、稻糠等成分混合加工而成的。该清洁液是采用纯天然的物料制作而成的，无毒无害，能够很好地保护双手，与普通的清洗剂不同，此种清洁剂易清洗，而且不易残留。

10．一种刺梨健身果豆干

王三红的专利发明了利用刺梨、健身果、大豆等其他原料制作刺梨健身果豆干的工艺，本发明是将刺梨、健身果、茼蒿菜等果蔬杂粮等成分引入到豆干配方中，同时再辅以香菇、椰子粉等有益成分，即可得到具有保健作用的豆干。

11．一种刺梨薯片

涂爱妹的专利介绍了刺梨薯片的制备方法，该薯片的主要成分为刺梨、马铃薯泥、黑米粉、食盐、果糖等。用此法加工出来的刺梨薯片能够最大限度地保留马铃薯的营养价值，还能增加一些其他原料的营养成分，使得加工出来的薯片口感香甜、香气浓郁，而且具有营养价值。

12．一种刺梨香精

唐顺妹的专利发明了一种利用刺梨制作香精的方法。此方法发明的刺梨香精具有刺梨的香味和味道，将它添加到饮料中，可使饮料具有新鲜刺梨的味道。

13．刺梨果糜

何淑芳等的专利发明了一种刺梨茵陈槐花果糜的制作方法。是以刺梨、柚子为原料，再添加枸杞子、茵陈槐花、玉米须、银杏叶等物质，加工制作出具有保健功能的刺梨茵陈槐花果糜。该果糜具有清肺化痰、生津止咳的功效，经常食用能改善吸烟人群的不适。

14．刺梨护肤品

黄林海的专利发明了一种具有美白保湿作用的护肤品，该产品的主要成分为刺梨黄酮、不含漆酚的芒果皮提取物、去离子水、熊果苷。此产品的原料都为天然物质，故护肤品对人体无刺激，保湿能力强、美白效果好，用后清爽、不油腻。

15．口腔护理液

张翠平等的专利发明了一种口腔护理液，该发明以刺梨、淡竹叶、甜茶、天花粉等多种成分按合理的配方制备而成。刺梨口腔护理液可有效抑制口腔细菌的滋生、祛除病毒，使口腔长久地保持健康。

16．一种禽用饲料添加剂

李梦云等的专利利用刺梨提取液发明了一种可用于禽用饲料的添加剂。该发明以刺梨提取液为主料，黄芪多糖、复合酶制剂和维生素等为配料。该添加剂能够提高家禽的免疫能力、改善消化功能，促进家禽茁壮成长。

17．一种杀菌洗涤剂

康瑞洁的专利介绍了一种杀菌洗涤剂的制作方法。该产品的配方包括刺梨根、乙二胺四乙酸二钠、碳酸钠等，此种洗涤剂较温和、刺激小、毒性低，能降解，长期使用也对皮肤无伤害。

18．刺梨原花青素

赵化侃等的专利发明了用刺梨果肉制备刺梨原花青素的方法。用此法在制备原花青素的同时，还可以加工出刺梨果肉果汁，可以使刺梨得到充分利用，避免浪费，且操作简单、成本较低。蔡金腾等用此方法得到的成品刺梨原花青素纯度高、溶解性好、抗氧化能力强，可用于化妆品、医药产业和保健品种。

19．足浴液

袁承等的发明介绍了一种足浴液的制备方法。该足浴液由茶皂素、刺梨提取物、红薯叶提取物以及其他辅料科学配制而成。此产品具有良好的抗菌消炎、镇痛保湿等功效，可改善脚臭、脚皲裂等多种足部皮肤不良的症状，同时还具有缓解脚寒、提高身体免疫力的功效。

20．一种植物染发剂

肖俊杰等的专利介绍了一种植物染发剂的制备工艺。因此发明用到的多是天然的物质，如刺梨原花青素、蓝莓原花青素，未添加任何有害的化学制剂，故此种染发剂安全有效，染色后使头发色泽均匀、颜色持久、不易掉色。

第三章　刺梨贮藏的基本原理

第一节　刺梨贮藏保鲜过程中的变化

一、果品的化学组成及其在贮藏保鲜过程中的变化

果品营养丰富，但不同的果品具有自身特有的色、香、味、质地和营养，这是由其组织内不同的化学成分及其含量所决定的。这些化学成分的性质、含量以及在果品成长、成熟和贮藏过程中的变化与果品的贮藏密切相关，因此必须了解这些化学成分的变化规律。

果品所含的化学成分可以分为 2 部分，即水分和干物质。干物质即是固形物，包括有机物和无机物，有机物包括含氮化合物和无氮化合物，此外还有一些维生素、色素、芳香物质和酶。由于果品种类、品种、栽培条件、产地气候、成熟度、个体差异以及采后的处理不同，使得化学成分有很大的变化，因此了解果品的化学组成及其变化是十分必要的。

（一）水分

果品含量最高的化学成分是水分，大多数果品含水量在 75%～95%之间。水分是植物完成生命活动的必要条件，对果品的鲜度、风味有着重要影响。但果品含水量高、耐藏性差，容易变质和腐烂。采后的果品，会随贮藏条件的改变和时间的延长而发生不同程度的失水，造成萎蔫、失重、鲜度下降，商品价值受到影响，严重时会导致代谢失调、贮藏寿命缩短。果品失水的程度与种类、品种及贮运条件密切相关，表 3-1 是常见果品的水分含量。

表 3-1　常见果品的水分含量

果品	苹果	梨	桃	杏	葡萄	荔枝	龙眼	柿子
含水量/%	84.60	89.30	87.50	85.00	87.90	84.80	81.40	82.40

（二）碳水化合物

1. 糖类

糖是果品甜味的主要来源，也是构成其他化合物的成分。果品中的糖类主要有蔗糖、葡萄糖和果糖，蔗糖是双糖，葡萄糖和果糖是单糖。果品含糖量一般为 7%～25%，不同种类的果品，含糖量差异很大，根据果实成熟时含主要糖类的成分可将果品分为 3 种类型：一是蔗糖型，如桃、香蕉、柑橘和甜瓜等；二是葡萄糖型，如葡萄和樱桃等；三是果糖型，如苹果、梨和西瓜等。糖是重要的贮藏物质之一，果品贮藏期间，糖作为呼吸基质被消耗而逐渐减少。糖分消耗慢，说明贮藏条件适宜。表 3-2 是一些果品各种形式糖的含量。

表 3-2 常见果品中糖的含量

果品	葡萄糖/%	果糖/%	蔗糖/%
苹果（红玉）	2.39	5.13	2.97
樱桃（拿破仑）	3.80	4.60	0
梨（长十郎）	1.39	3.85	1.80
柿子（富有）	0.17	5.41	0.76
桃	0.76	0.93	5.41
葡萄（甲州）	8.09	6.92	0
草莓（福羽）	1.35	1.59	0.17
西瓜	0.68	3.41	3.06
番茄	1.62	1.61	0

2. 淀粉

淀粉为多糖类，主要存在于未成熟果实中。果品中的香蕉的淀粉含量最高为 26%，苹果的淀粉含量在 1%～5%，其他果品淀粉含量较少。淀粉不溶于冷水，在热水中极度膨胀，容易被人体吸收。淀粉开始是逐步积累，可溶性糖很少；随着成熟、后熟，在酶的作用下，淀粉可以转化为糖，淀粉逐步减少，可溶性糖增加，果实甜味增加。

（三）纤维素和半纤维素

纤维素和半纤维素是植物的骨架物质细胞壁的主要成分，对组织起着支持作用。纤维素在果品皮层中含量较多，在幼嫩时期是一种含水纤维素，在成熟过程中逐渐木质化和角质化，变得坚硬、粗糙，不堪食用。半纤维素在植物体内有支持组织和贮存的双重功能。从果品品质来说，纤维素和半纤维素含量越少越好，但纤维素、半纤维素和果胶物质形成的复合纤维素对果品有保护作用，能够增强果品的耐藏性。

（四）果胶物质

果胶物质沉积在果实细胞初生壁和中胶层中，起着黏结细胞个体的作用，是果实中普遍存在的高分子化合物。果品种类不同，果胶的含量和性质也不同，见表 3-3。

果胶物质以原果胶、果胶和果胶酸 3 种形式存在于果实中。未成熟的果实，果胶物质主要是以原果胶存在，并与纤维素和半纤维素结合，不溶于水，果实组织坚硬。随着果品的成熟，原果胶在酶的作用下逐渐水解，与纤维素分离，转变成果胶渗入细胞液中，细胞间失去黏结，组织松散，硬度下降。果胶在果胶酶的作用下分解成果胶酸，果胶酸没有黏性，使细胞失去黏着力，果实也随之变软，贮藏能力逐渐降低。

表 3-3　常见水果中的果胶含量

果品	果胶含量/%	果品	果胶含量/%
苹果	1.00～1.90	桃	0.55～1.25
草莓	0.70～0.72	杏	0.50～1.20
山楂	6.00～6.40	李	0.20～1.50
梨	0.50～1.40		

注：表中的果胶含量是以干物质计算得来的。

（五）有机酸

有机酸与果实的风味有关，是果品呼吸的底物之一，实践中可用测定含酸量的办法判定果实的成熟度。果品中的有机酸主要有苹果酸、草酸和酒石酸，不同的果品所含有机酸种类、数量及其存在形式不同。柑橘类含枸橼酸较多，苹果、梨和桃等含苹果酸较多，葡萄含酒石酸较多。有机酸在果实生长过程中逐步增多，接近成熟时开始下降，随着贮藏时间的延长逐渐降低，导致贮藏寿命缩短。表3-4为常见果品中有机酸的种类。

表 3-4　常见果品中机酸的种类

果品	主要有机酸
苹果	枸橼酸、苹果酸、草酸
葡萄	苹果酸、草酸、水杨酸
草莓	枸橼酸、苹果酸、草酸、水杨酸
梨	枸橼酸、苹果酸、草酸
杏	枸橼酸、苹果酸、草酸
桃	枸橼酸、苹果酸、草酸

（六）色素物质

色泽是人们感官评价果品质量的一个重要因素，许多色素的共同存在构成了果实各自的颜色，果品颜色是果品成熟和衰老的一种标志。果品中的色素物质主要有叶绿素，类胡萝卜素，花青素和花黄素。果品的绿色是由于叶绿素的存在，大多数果品随着叶绿素含量的降低，绿色消失，开始成熟。类胡萝卜素是一类脂溶性的色素，构成果品的黄色、橙色或橙红色，主要由胡萝卜素、叶黄素和番茄红素组成。类胡萝卜素常与叶绿素并存，成熟过程中叶绿素酶活性增强、叶绿素逐渐分解，类胡萝卜素显色。花青素是一类极不稳定的糖苷型水溶性色素，一般在果实成熟时才合成，存在于表皮的细胞液中，花青素在酸性溶液中呈红色，在碱性溶液中呈蓝色，在中性溶液中呈紫色，与金属离子结合时会呈现各种颜色，是果品红紫色的重要来源。

（七）单宁物质

单宁物质属多酚类化合物，果品中普遍含单宁，以未成熟的果实中含量居多，含量适宜时会使果实具有清凉爽口感，含量多时果实具有涩味。果品在采后受到机械伤或贮藏后期衰老时，单宁物质都会出现不同程度的褐变，随着果品成熟，单宁含量逐渐减少。

（八）芳香物质

果品的香味来源于果品的芳香物质，芳香程度也是判断果品成熟的一种标志。果品的芳香物质是一些挥发性油状混合物，含量甚微，但对品质影响极大。挥发油的主要成分为醇、醛、酯、酸、酮、烷、烯和萜等有机物质，核果类果品的芳香物质主要存在于种子中，其他果品的芳香物质主要存在于果皮中。果品成熟过程中，芳香物质逐步增多。芳香物质具有催熟作用，贮藏中应及时通风排除，以免果品贮藏寿命缩短。

（九）维生素

果品是人体所需维生素的重要来源，虽然人体对维生素需要量甚微，但缺乏时会引起各种疾病。果品中的维生素种类很多，一般可分为水溶性和脂溶性 2 类。水溶性包括维生素 B_1、维生素 B_2 和维生素 C 等，脂溶性包括维生素 A、维生素 E 和维生素 K 等。

1．维生素 A。维生素 A 含量较多的果品有柑橘，枇杷，芒果，柿子等。

2．维生素 B_1。维生素 B_1 含量较多的果品有核桃，板栗等。

3．维生素 B_2。维生素 B_2 含量较多的果品有桂圆和板栗等。

4. 维生素 C。维生素 C 含量较多的果品有鲜枣，猕猴桃，山楂，草莓，柑橘等。

（十）含氮化合物

果品中的含氮化合物主要是蛋白质和氨基酸。有些氨基酸是具有鲜味的物质，谷氨酸钠是味精的主要成分，虽然果品中含氮物质很少，但对果品的品质风味有着重要的影响。

（十一）矿物质

人体中所含的矿物质主要来源于果品，果品中含有钙、磷、铁、硫、镁、钾和碘等矿物质。钙含量较多时被称为碱性食品。

（十二）酶

酶是由生物的活细胞产生的具有催化能力的蛋白质。果品中所有的生物化学作用，都是在酶的参与下进行的。果品成熟衰老过程中物质的合成与降解涉及众多的酶类，但主要有 2 大类：一类是氧化酶类，包括抗坏血酸氧化酶、过氧化物酶和多酚氧化酶等；另一类是水解酶，包括果胶酶、淀粉酶和蛋白酶等。抗坏血酸氧化酶对维生素 C 的含量影响很大，过氧化物酶可防止有毒物质的积累，多酚氧化酶在植物受到伤害时促进发生褐变，果胶酶则影响着水果的质地。

二、刺梨果实采后生物学特性

作为衡量果实商业价值的重要标准，果实品质受到环境和遗传等因素的共同影响，构成果实品质的众多指标包括酸、糖、氨基酸、矿物质以及香味物质等，其浓度的高低直接影响了果实的风味。采后果实作为一个独立的生命体，未得到来自母体的营养补给（水分、光合产物和矿质营养等），只能通过消耗自身营养物质维持生命活动。因此，果实的采后贮藏过程就是一个不断消耗自身营养物质的衰老过程，即果实品质不断下降的过程。影响果实品质的环境因素主要为贮藏温度，湿度，贮藏环境和病虫害等。

刺梨成熟时期主要集中在每年 8 月上旬至 9 月下旬，此时气温和空气湿度相对较高，采后不耐贮藏，常温情况下会很快软化，导致腐烂变质。普通冷藏虽在一定程度可控制腐烂速度，但失水较快，保鲜效果不佳。贮藏温度对果实的呼吸速率有较大影响，一般情况下，温度越高，呼吸速率越快。温度除了影响呼吸速率外，还与果实的蒸腾作用、品质劣变，以及衰老密切相关，高温下贮藏对果实的影响主要体现在品质下降，腐烂率上升、果实受环境胁迫压力增大等。同时贮藏湿度对果实也有较大影响，湿度太低会加快果实内部营养物质的消耗，导致果实感官品质下降、包括色泽及硬度降低、失重率上升、产生异味、商业价值降低；而高湿度贮藏条件下果实蒸腾作用虽然会失水较少，但腐烂率上升。

果实的发育和衰老是一个不可逆的遗传控制过程，其涉及到一系列内部生理反应和物质变化。活性氧参与着果实的发育和衰老整个过程，常会导致细胞代谢的劣变。抗氧化系统在果实的成熟和衰老过程中扮演着重要角色，因为在果实中活性氧的生成与清除之间需要保持一种平衡状态，避免果实受到活性氧伤害。但抗氧化物与活性氧之间的变化在不同果实中变化模式不同，如芒果、柑橘、辣椒、番茄等植物的衰老是一个受内外因子共同作用影响植物组织和器官逐渐转向功能衰退和死亡的变化过程，也是植物生长发育、形态建成与对环境响应的一个主动和必要的过程。果实作为开花植物的重要繁殖器官，其衰老对种子的成熟和传播、植物物种的生存和繁衍均具有重要的意义。

作为构成生命体的基本物质，植物的生长、发育、衰老、死亡过程与蛋白质的变化密切相关，蛋白质的合成、降解变化与植物的发育、形态变化、分化、衰老及死亡过程密切相关。蛋白质的降解通常与植物的不同生长阶段相适应，如在发育阶段、形态发生和分化阶段、衰老阶段及程序化死亡过程阶段（programmed cell death）常有不同程度的蛋白质降解和植物的自身修复过程发生。也有研究报道，在植物遭受自由基伤害（ROS：O_2，H_2O_2，OH）的时候也会出现蛋白质大量降解的情况。这些蛋白质发生降解或者在不同的细胞器间运转调控，蛋白质的水解是细胞器降解的开端，标志着植物衰老过程的开始。离体叶片衰老过程中，蛋白质降解发生在叶绿素分解之前，同时伴随着游离氨基酸的积累和可溶性氮的增加。

第二节　果品采前因素与贮藏保鲜

一、环境因素的影响

生长在不同地区的同种果品，由于所得到的光照、温度、雨量及空气相对湿度的不同，果品品质和耐贮性具有明显的差异。南方水果中，除柑橘、香蕉和菠萝（主要是罐藏）大量流通在国际水果市场外，其余种类的水果主要是在国内流通消费。有的仅在产地附近很狭小的地区内流通消费。其中的原因除了品种特性之外，还由于这些热带亚热带水果是在高温高湿的条件下生长发育的，在田间生长期间就已遭受多种真菌的潜伏浸染，且果实收获期又集中在高温高湿季节，因而极有利于病菌的浸染和发展，加速了果实的衰老和腐烂。如华南地区普遍栽培的荔枝、龙眼和芒果等均成熟于6～8月高温多湿、多台风季节，因此，采后的防腐保鲜就特别困难。因此，要想获得满意的贮藏保鲜效果，就必须根据地理位置、地势、气候条件等制定相应的栽培管理措施，从而尽可能获得优质耐藏的水果。

（一）温度

温度对果实的影响比其他的采前因素更为显著一些。温度高，作物生长快、产品组织幼嫩、可溶性固形物含量低。昼夜温差大，有利于果品体内营养物质的积累，使可溶性固形物含量高，耐藏性强。特别是采前4～6周的气温和昼夜温差与果品品质，耐藏性密切相关。柑橘类喜温暖气候，仁果类喜冷凉的环境。

（二）光照

光照的时间、强度与质量，会直接影响植株的光合作用及形态结构，进而影响果品品质和耐藏性。光照充足，果品的干物质明显增加；光照不足，果实含糖量低。但光照过强也有危害。适宜的光照时间能够使作物生长发育良好，耐藏性强。光照与花青色素的形成密切相关，光照好，红色品种的苹果果实颜色鲜艳、较耐藏。苹果生长季节如遇连续阴天会影响果实中糖和酸的形成，果实容易发生生理病害。光质（红光、紫外光、蓝光和白光）会影响果品的生长发育和品质，紫外线对维生素C的合成、果实着色和耐藏性有利。

（三）降雨量

降水的多少关系着土壤水分、土壤的 pH 值及土壤可溶性盐类的含量，降雨会增加土壤湿度、空气的相对湿度和减少光照时间，进而影响果品的化学组成、组织结构和耐藏性。生长在潮湿地区的苹果容易裂果；柑橘生长期如多雨高湿，则果实糖、酸含量降低。高湿有利于真菌的生长，容易引起果实腐烂。

（四）地理位置

同一种类果品，生长在不同的纬度和海拔高度，其品质和耐藏性不同。一般河南、山东生长的苹果，果实耐藏性远不如辽宁、山西、甘肃、陕西。海拔高、日照强、昼夜温差大，有利于花青色素的形成和糖的积累。山地或高山生长的果品，糖、色素、维生素C和蛋白质都比平原地区的高，耐藏性好。

（五）土壤条件

不同种类、品种的果品，对土壤有不同的要求，土壤质量会影响果品的成分和结构。轻沙土可增加西瓜果皮的坚固性，从而提高其耐藏性。果树有发育良好的根系，才能结出高产、优质的果实，而根系的生长又与土壤的物理性状、水分和矿物质营养密切相关。苹果适合在质地疏松、通气良好、富含有机质的中性到酸性土壤上生长，壤土上生长的柑橘比沙土上生长的颜色好、可溶性固形物含量高、总酸量低。

二、栽培条件的影响

（一）种类和品种

果品种类不同，耐藏性差异很大。果品中热带和亚热带生长的香蕉、菠萝、荔枝、芒果和龙眼等采后寿命短，不能长期贮藏；温带生长的苹果和梨耐贮性很强，但桃、李和杏等较差。

同一种类的果品，品种不同，耐藏性也有差异，一般中、晚熟品种比早熟品种耐贮藏。荔枝中的淮枝、桂枝等较耐藏，而糯米糍就不耐藏。果品中苹果中的黄魁、祝光不耐藏，富士、国光较耐藏；梨中的巴梨、茄梨不耐藏，鸭梨、雪花梨较耐藏；柑橘类的耐藏性表现为：柑类、柠檬最强，甜橙次之，宽皮橘类较差。一般果皮厚、蜡质多、皮孔少的果实耐藏，反之则不耐藏。

（二）砧木

果树的砧木会影响嫁接后果树材的生长发育，对环境的适应性，果实产量，果实品质，果实耐藏性和抗病性。不少研究表明，苹果发生苦痘病与砧木的性质有关。美国的华盛顿脐橙，嫁接在酸橙砧木上的脐橙比甜橙上的果实大、可溶性固形物高。山西果树研究所通过试验观察到，红星苹果嫁接在保德海棠上，果实色泽鲜红，最耐贮藏。

（三）树龄和树势

树龄和树势不同的果树，不仅果实的产量和品质不同，而且耐藏能力也有差异。研究表明，苹果苦痘病的发病规律是幼树比老树重、树势旺的比树势弱的重。

（四）果实大小和结果部位

同一种类和品种的水果，果实大小不同，耐藏性不同。一般大果不如小果耐藏，如大果国光苹果比小果发生虎皮病的机会多、大果雪花梨易褐变。在同一株树上，不同部位果实的大小、颜色和化学成分不同，耐藏性也有很大的差异。一般来说，向阳面的果实中钾和干物质含量较高，而氮和钙的含量较低，苹果果实较大，贮藏中不易萎蔫。

（五）施肥

施肥的方法和时期，是影响果品化学成分和耐藏性的重要因素。钙是影响果品采后寿命的重要因子，果品采后的生理失调，衰老，后熟等都与钙的吸收、分配及功能有关，钙的主要作用是保持膜的完整性。氮肥可增加果树的产量，对果品的生长发育很重要，不可缺少。但是过量施用氮肥或氨肥，就会引起钙缺乏，导致生理失调，且果实的颜色差、呼吸强度增高、物质消耗加快，产品的耐藏性和抗病性明显降低。果树缺钾，果实颜色差、品质下降。但过多施用钾肥，会对钙、镁的吸收产生颉颃作用，使果实含钙量降低。土壤中缺磷，果肉带绿色、含糖量降低、贮藏中容易发生果肉褐变和烂心。

（六）灌溉

土壤水分的供给对果品的生长发育，品质和耐藏性有重要影响。桃如在采前几周缺水，果实小、果肉坚硬；但灌水太多，果实成熟推迟、果实颜色差、不耐藏。

（七）修剪和疏花疏果

修剪可以调节果树各部分的生长平衡，影响果实的化学成分，间接影响果实的耐藏性。适宜的果树修剪可以通风透光，使叶片同化作用加强，果实着色好、糖分高，耐贮藏。疏花可以保证叶、果的适当比例，增加含糖量，使耐藏性增强；疏果也会增加果实的品质和耐藏性。

（八）病虫害防治

病虫害是造成果品采后损失的重要原因之一，各种病虫害的发生，会造成果品商品价值下降，影响果实品质，缩短贮藏寿命。许多病害在田间浸染，采后条件适宜时会表现症状或扩大发展，贮藏中，果品衰老抗病力下降，造成大量腐烂。

贮藏中的病害有病理病害和生理病害 2 种。许多水果在未成熟时对真菌的侵害是有抵抗力的，感染过程一开始就已停止，但真菌还活着，进入休眠状态，成熟过程伴随着细胞壁变脆弱和对真菌免疫力的下降，直到最后再也不能抵挡住真菌的进攻，这种由微生物所引起的病害叫病理病害。在缺少引发疾病的病原体的情况下，由于产品在贮运销售期间处于一种反常或不适当的物理性或生理性状态所引起的病害，叫生理病害。水果采前和采后的药物处理也是减少损失的重要措施，目前广泛运用的杀菌剂是多菌灵、甲基托布津或乙基托布律、苯菌灵、特克多和伊迈唑，对防止香蕉、柑橘、梨、苹果和桃等水果腐烂效果明显。

在水果生长发育过程中使用杀菌剂和杀虫剂，可以控制田间病虫害发生，提高果品品质，但施用化学药剂可引起各种副作用，造成各种化学损伤，因此必须制定合理的化学药物使用标准。对于某一既定的病虫害，最有效的方法是采用包括生物防治在内的综合治理。

（九）生长调节剂处理

植物生长调节物质的广泛应用对果品采后质量和商品性有重要影响，也是增强果品耐藏性和防止病害的辅助措施之一。

1．生长素类（IAA）

采前 10d 施用浓度 10～15mg/L 的萘乙酸或浓度 5～20mg/L 的 2，4-D，可以防止苹果、葡萄和采前柑橘落果。但生长素有增强果实呼吸、加速果实成熟的作用，对要进行长期贮藏的产品有不利影响。如 2，4-D 会导致柑橘果实的果皮粗糙，果实畸形和浮皮。

2．细胞分裂素（CTK）

细胞分裂素对细胞的分裂与分化有明显的作用，也可诱导细胞扩大。

3．赤霉素（GA）

赤霉素在葡萄、柚子和橙采收前施用，可以有效地延长果实寿命、推迟果皮衰老。赤霉素可以推迟香蕉呼吸高峰出现，显著增大无核葡萄的果粒。

4．矮壮素（CCC）

100～300mg/L 矮壮素加 lmg/L 赤霉素在花期处理花穗，可提高葡萄坐果率，增加果实含糖量，减少裂果。

5．乙烯利

乙烯利是一种人工合成的乙烯发生剂，能促进果实成熟，常用于柑橘褪绿、香蕉催熟以及柿子脱涩。

第三节 采后因素对刺梨贮藏的影响

一、采后因素对果品贮藏的影响

果品采后失去了水分和无机物的供应，同化作用基本停止，但仍然是一个“活”的有机体，在贮运中继续进行着一系列的复杂生理活动。其中最主要的有呼吸生理、蒸发生理、成熟衰老生理、低温伤害生理和休眠生理，这些生理活动影响着果品耐藏性和抗病性，因此，必须进行有效的调控。耐藏性是指果品在一定的贮藏期限内能保持其原有质量而不发生明显不良变化的特性。抗病性是指果品抵抗致病微生物侵害的能力。如果不能维持果品正常的代谢活动和组织完整，其本身固有的耐藏性和抗病性就会降低甚至消失，最终导致病原微生物的浸染而腐烂变质。因此，从生理角度研究果品变质的原因，采取措施增强果品耐藏性和抗病性，延缓果品衰老，对果品贮藏保鲜有重要的意义。

（一）呼吸生理

呼吸生理是果品贮藏中最重要的生理活动，也是果品采后最主要的代谢过程，呼吸生理制约和影响其他生理过程。

1. 呼吸代谢

（1）呼吸作用的类型

呼吸作用是果品的生活细胞在一系列酶的参与下，经过许多中间反应环节进行的生物氧化还原过程。呼吸作用可以将体内复杂的有机化合物分解成为简单物质，同时释放能量。呼吸作用标志着生命的存在，呼吸类型有有氧呼吸和无氧呼吸 2 种。

1）有氧呼吸。有氧呼吸是在有氧气参与的情况下，呼吸底物被彻底氧化成二氧化碳和水，同时释放大量能量的过程。

2）无氧呼吸。无氧呼吸是在缺氧条件下，呼吸底物氧化不彻底，产生乙醇、乙醛和乳酸等各种中间产物，同时释放少量能量的过程。

3）有氧呼吸与无氧呼吸的关系。有氧呼吸是呼吸的主要类型，也叫正常呼吸；无氧呼吸是植物在不良环境条件下形成的一种适应能力，使植物在缺氧条件下不会窒息死亡。总之，无氧呼吸的加强对于果品贮藏是不利的。

（2）呼吸强度和呼吸系数

1）呼吸强度。是指果品在一定的温度下，单位时间内单位重量产品呼吸所排出的二氧化碳毫克量或吸收氧气的毫克量，常用单位为用 mg/（kg · h）。呼吸强度是衡量呼吸作用强弱的指标，呼吸强度越大、呼吸作用越旺盛，营养物质消耗越快、贮藏寿命越短。

2）呼吸系数。又称呼吸商，用 RQ 表示，是指果品在一定时间内，其呼吸所排出的二氧化碳和吸收的氧气的容积比。呼吸系数的大小，在一定的程度上可以估计呼吸作用性质和底物的种类。以葡萄糖为底物的有氧呼吸，RQ=1；以含氧高的有机酸为底物的有氧呼吸，RQ>1；以含碳多的脂肪酸为底物的有氧呼吸，RQ<1。当发生无氧呼吸时，吸入的氧气少，RQ>1。RQ 值越大，无氧呼吸所占的比例也越大；RQ 值越小，需要吸入的氧气的量越大，氧化时释放的能量越多。所以蛋白质、脂肪所供给的能量最高，糖类次之，有机酸最少。

（3）果品呼吸变化的特点

果实发育过程中，呼吸作用的强弱不是始终如一的。根据成熟时是否发生呼吸跃变，通常将果实分为 2 类。一类为跃变型，主要有苹果、香蕉、芒果、鳄梨、桃、杏、李、柿、猕猴桃、甜瓜和番木瓜等。其特征是果实幼嫩时呼吸旺盛，在生长的过程中随着果实的膨大呼吸量不断下降，达到一个最低值后又急剧上升，达到高峰后再次下降直到果实败坏。果实完熟时达到呼吸高峰，此时果实达到最佳鲜食品质，呼吸高峰过后果实品质迅速下降，不耐贮藏。各种果实出现跃变的时间和呼吸高峰的大小千差万别，跃变来得越快，果实采后的寿命也就越短。跃变期出现的早晚与乙烯有关，外源乙烯只有在跃变前期才能促进呼吸高峰出现，呼吸跃变是果实从生长转向衰老的一个标志。另一类为非跃变型，主要有柑橘、菠萝、葡萄、荔枝和龙眼等。其特征是果实在发育过程中没有呼吸高峰，这类果实采后寿命必须应用抑制呼吸作用的各种环境因素及技术加以调控。

（4）影响果品呼吸作用的因素

可分为内在因素和外在因素 2 类。内在因素包括种类与品种，发育年龄和成熟度等；外在因素包括温度，气体成分，湿度，机械伤害和病虫害等。果品的呼吸强度大，消耗营养物质就快，贮藏寿命就会缩短。因此，在不妨碍果品正常生理活动的前提下，必须尽量降低呼吸强度。

1）果品种类与品种。不同种类和品种的果品呼吸强度不一样，果品中呼吸强度依次为浆果类（葡萄除外）最大、核果类次之、仁果类较低。同一种类的果品的呼吸强度，一般南方生长的比北方生长的大、早熟品种比晚熟品种大、夏季成熟的比秋季成熟的大、贮藏器官比营养器官大。

2）发育年龄与成熟度。在果品生长发育和成熟过程中，幼龄时期的呼吸强度最大，随着成熟度的增加逐渐减弱。跃变型果实的呼吸作用可以分为强烈呼吸期，呼吸降落期，呼吸升高期和呼吸衰败期。强烈呼吸期是指果品生长处于细胞分裂的幼龄期，这个时期的代谢活动很活跃，保护组织尚未形成，组织内的细胞间隙也较大，内层组织能获得较充足的氧，且幼嫩组织中富含原生质，因此呼吸强度最大，很难贮藏保鲜。呼吸降落期是指果实细胞增大阶段，随着果实的发育，呼吸强度迅速下降。呼吸升高期是指果实成熟到完熟阶段，呼吸强度迅速上升，可能出现呼吸跃变。呼吸衰败期是指呼吸跃变后的下降期，此时果实进入衰老阶段，耐藏性和抗病性下降，品质变差。

3）温度。呼吸作用和温度关系密切，在一定范围内，温度升高，酶活性增强，呼吸强度增大，物质消耗增多，贮藏寿命缩短。一般在 5～35℃ 范围内，温度和呼吸作用的关系可以用温度系数（温度每升高 10℃，呼吸强度增加的倍数）来表示。当温度超过 35℃ 时，呼吸作用各种酶的活性受到抑制或破坏，呼吸强度反而下降。降低贮藏温度可以减弱呼吸强度，减少物质消耗，延长贮藏时间。因此，贮藏时应尽可能维持较低的温度，将果实的呼吸作用抑制到最低限度。但贮藏温度并不是越低越好，温度过低时糖酵解过程和细胞线粒体呼吸的速度会相对加快，呼吸强度反而会增大。贮藏中应根据不同果品对低温的忍耐性，在不发生冷害的前提下，尽量降低贮藏温度。温度过低、过高都会影响到果品正常的生命活动，另外，温度的稳定性也是十分重要的，贮藏环境的温度波动会刺激水解酶的活性，使呼吸强度增大，增加物质消耗。

4）相对湿度。湿度和温度相比是一个影响较弱的因素，但仍会对果品呼吸产生影响。一般来说，轻微的干燥较潮湿更抑制呼吸作用。但贮藏环境的相对湿度过低，会刺激果品内部水解酶活性的增强，使呼吸底物增加，进而刺激呼吸作用增强。

5）气体成分。一般大气含氧气 21%、氮气 78%，其余为一些微量气体约 0.03%。适当降低贮藏环境的氧气浓度和提高二氧化碳浓度，可抑制果实的呼吸作用，从而抑制果品的成熟和衰老过程。

氧气是果品正常呼吸的重要因子，是生物氧化不可缺少的条件。当氧气浓度低于10%时，呼吸强度会明显降低，但氧气浓度并不是越低越好，氧气浓度过低，就会产生无氧呼吸，大量积累乙醇、乙醛等有害物质，造成缺氧伤害。无氧呼吸消失点的氧气浓度一般为1%～5%，但不同种类的果品会有差异。毫无疑问，提高二氧化碳浓度可以抑制呼吸，但二氧化碳浓度并不是越高越好，二氧化碳浓度过高，反而会刺激呼吸作用和引起无氧呼吸，产生二氧化碳中毒，这种伤害甚至比缺氧伤害更加严重，其伤害程度决定于果品周围的氧气和二氧化碳浓度、温度和持续的时间。不同种类的果品对二氧化碳的忍耐能力是有差异的，大多数果品适宜的二氧化碳浓度是1%～5%，二氧化碳伤害可因提高氧气浓度而有所减轻，在较低的氧气浓度中，二氧化碳伤害则更重。

乙烯是一种植物激素，有加强呼吸、促进果品成熟的作用。贮藏环境中的乙烯虽然含量很少，但对呼吸作用的刺激是巨大的，因此贮藏中应尽量除去乙烯。

6）机械损伤。果品在采收、运输、贮藏过程中常会因挤压，碰撞，刺扎等产生损伤，任何损伤，即使是轻微的挤伤和压伤也会增强果品的呼吸强度，导致大大缩短贮藏时间，加快果实成熟和衰老。损伤引起呼吸增强的原因主要是损伤刺激了乙烯的生成，破坏了细胞结构，增加了底物与酶的接触反应，同时也加速了组织内外的气体交换，还有就是损伤刺激引起果实组织内的愈伤和修复反应。另外，果实表皮的伤口，给微生物的浸染开辟了方便之门，使得损伤的果品更容易被病菌浸染而引起腐烂。贮藏中应避免损伤。

2．呼吸作用与果品贮藏保鲜的关系

（1）积极影响

1）提供能量。维持这种生命活动所需的能量是呼吸作用提供的。生物体中水分及其他物质的运输转移、物质的合成等一系列生理生化活动都需要能量，这些能量都是由呼吸代谢提供的，没有这些能量，生物的生命活动也就会停止。没有呼吸，就无从谈起生命，也就不存在保鲜。

2）抗病免疫。果品采后在正常的生活条件下，体内的新陈代谢保持着相对的稳定状态，不会产生呼吸失调，有较好的耐藏性和抗病性。当果品受到微生物浸染时，不同的果品会表现出不同的抗病性，感病的程度和速度都与果品的抗病性有关。抗病性是通过呼吸作用产生的一种保卫反应，植物受伤或被病菌浸染时，细胞内氧化系统活性会主动加强，能够抑制浸染微生物所分泌的酶所引起的水解作用，防止积累有毒物质。氧化能够破坏病源微生物所分泌的毒素。

3）促使愈伤。果品组织受伤时的愈伤能力，也是保卫反应的体现。当果品受到机械损伤后，能够自行进行愈伤过程，以恢复结构的完整性。愈伤首先表现为受伤部位及周围组织的呼吸活性增强，也就是所谓的“伤呼吸”，它可以提供木质、栓质、角质的中间产物和生物合成反应所需的能量，促进愈伤组织的形成。不论是机械损伤，还是病虫损伤，伤口愈合都要依靠呼吸作用提供的愈伤能量。伤呼吸在接近创伤面处的活性最高，虽然随着深入内层而急剧下降，但比完整组织的活性要高。

（2）消极影响

1）消耗呼吸底物。大部分果品的呼吸底物主要是糖。呼吸底物的消耗是果品在贮藏中失重和变味的重要原因之一。采后的果品是活体，呼吸作用会不断消耗呼吸底物，而果实再也不能从地上、地下部分获得养分，由于积累有限、消耗不断，因此，果品贮藏寿命是有限的。

2）释放热量。果品在消耗呼吸基质的同时释放出能量，这些能量只有一小部分用于维持生命活动，其余部分都以热的形式放出，这些热称为“呼吸热”。各种果品在不同条件下释放的呼吸热有所不同，同一种类不同品种也有差异。呼吸过程中的呼吸热会使环境温度升高，也不利于果品贮藏，因此在果品贮运中要考虑到这种影响并设法加以消除。

3）改变环境中的气体成分。呼吸作用不断地吸收氧气、放出二氧化碳和乙烯等挥发性气体，由此改变了贮运中的气体组成比例。由于呼吸作用的结果，贮藏中常常出现氧气浓度过低或二氧化碳浓度过高的情况，这种情况持续时间一长，就会使果品产生生理代谢失调。此外，乙烯等挥发性气体能够促进成熟与衰老，显然对贮藏不利。但如果能较好地控制贮运中的氧气和二氧化碳比例，那么不仅不会使果品生理失调，反而会对果品的成熟、衰老产生明显的抑制作用。

3．乙烯代谢

乙烯在正常条件下为气态，是一种植物激素，能够促进果品的成熟与衰老，贮运中应特别注意。

（1）乙烯的作用

20 世纪初已经发现乙烯对果实成熟的重要作用，几乎所有的果实在发育期都会产生微量的乙烯，但跃变型果实产生的乙烯比非跃变型果实多得多。跃变型果实在跃变之前乙烯含量是极低的，即将发生跃变前，乙烯含量上升，并且出现一个与呼吸高峰相类似的乙烯高峰，引起呼吸跃变。对非跃变型果实，完熟时的乙烯含量是极低的，施加外源乙烯引起呼吸上升，在果实的整个发育过程中每施用一次乙烯都会有一个呼吸高峰出现，但除去乙烯，便恢复原状。

不同成熟度的果实，其内源乙烯的发生和对外源乙烯的反应不同。幼小的果实基本上不存在乙烯，只有发育到一定的成熟阶段时才有乙烯生成。随着果实的不断成熟，乙烯的生成量逐渐增加，果实完熟时生成量达到最大，以后逐渐减少。随着乙烯含量的迅速增加，果实的淀粉含量和叶绿素含量下降，酸度和硬度降低，可溶性糖含量和水溶性果胶含量上升，有色物质增加，出现特有的香味，果实很快成熟。

（2）乙烯的作用机制

乙烯的作用机制有以下 4 个方面：一是增加细胞内膜的透性，乙烯是脂溶性的，其作用于细胞膜的结果是透性增大，物质的外渗率增高，底物与酶的接触增多，呼吸加强，果实成熟；二是促进酶的活性；三是有加强蛋白质合成的作用；四是乙烯在植物体内具有流动性。

（3）乙烯作用的控制措施

1）避免损伤和病虫危害。果实一旦受到损伤，不仅呼吸旺盛、传染病害，而且会大量产生乙烯，促进果实的成熟、衰老。危害果品的病原菌主要是真菌和细菌，尤以真菌为多，病虫害浸染可以造成伤口，刺激乙烯产生，而且，真菌寄生及自身活动也会释放乙烯。所以，在果品采收、分级、包装、运输和销售中要避免损伤，严格除去有机械伤和病虫害的果实。

2）适宜的贮藏环境

一是温度。乙烯在 0°C 左右时，合成能力极低，随着温度的上升，乙烯合成加快。因此，在不造成果品发生冷害和冻害的前提下尽量降低贮藏温度可以抑制乙烯的生成及其生理活性。

二是气体成分。ACC 转化成乙烯是一个需氧反应，降低贮藏环境中的氧气浓度，不仅乙烯的生成速率会明显降低，而且乙烯的生理效应同样会受到抑制。高二氧化碳浓度主要是抑制乙烯的催熟效应。低温、低浓度氧气和高浓度二氧化碳对乙烯的产生及其生理效应的影响既具有单独性，又具有联合性。三者之间既相互促进，又相互制约。

三是及时排除乙烯。果实在逆境下会大量产生乙烯，适宜的贮藏环境、避免损伤和病虫害浸染，可减少乙烯的生成。但不管如何小心和加以控制，果品采后总是会有乙烯释放出来，加上乙烯有自身催化作用，必须及时排除乙烯。排除乙烯主要有以下方法：①通风换气。通风换气是应用广泛、方法简单的排除乙烯措施，常用于冷藏和通风库贮藏，但不能用于气调贮藏。②乙烯吸收剂，通风会破坏气调贮藏环境中的气体成分，因而常用乙烯氧化剂来脱除乙烯。主要是将饱和的高锰酸钾溶液吸附在碎砖块、蛭石、氧化铝等多孔载体上，置于气调贮藏库和塑料薄膜帐中，吸附因氧化释放出来的乙烯。如果高锰酸钾由紫红色变成砖红色，表明高锰酸钾失效，应及时更换。还可用溴化物制成乙烯氧化剂，焦炭分子筛等对乙烯也有一定的吸附能力。

（二）蒸发生理

1. 蒸发和结露

（1）蒸发

1）概念。果实中的水分挥发到空气中，称蒸发作用。果品采收前，由于蒸发作用不断地失去水分，但失去的水分可从植株或土壤中得到补充。采后的果品由于蒸发作用也会不断失水，但是采后果实的失水再也不能得到补充，果品由于蒸发失水造成表面皱缩的现象称萎蔫。萎蔫对果品的影响是多方面的，贮藏中应控制失水。

2）蒸发对果品品质的影响。果实含水量充足、细胞膨压大，才能使组织呈坚挺脆嫩状态，有一定的硬度和弹性，表现新鲜。采后果品失水最主要是引起失重和失鲜。失重即自然损耗，失重主要指失水，也有少量干物质损失，是数量上的损失，直接影响经济效益。如柑橘果实在贮藏中重量的损失有75%是水分蒸发所致，25%是由于呼吸作用消耗的干物质。失鲜是指品质方面的损失，综合表现是形态、结构、感观、色彩、质地和风味等发生变化，果品食用品质和商品品质下降。

一是对果品生理代谢的影响。一般果品失水 5%就会出现萎蔫，萎蔫时水解酶活性提高、呼吸加强。有研究指出，植物组织缺水时脱落酸含量急剧增加，刺激果品，释放乙烯，加速器官的衰老。另外，严重失水时细胞液浓度增高，nh4+和 fT 过高会引起细胞中毒。同时原生质大量脱水、原生质透性增加、细胞内的物质外渗，果品出现生理失调。

二是对果品贮藏性的影响。失水萎蔫破坏了果品正常的代谢作用，水解过程加强，细胞膨压下降而造成结构特性改变等，导致果品耐藏性和抗病性降低。对绝大多数果品贮藏来说，蒸发失水是不利的。但也有少数果品蒸发失水不但无害，而且有利于贮藏，如柑橘贮藏前果皮轻度失水，能减少贮藏中枯水病的发生。对采后需要失水的果品，贮藏的关键是掌握好蒸发失水的度，失水过多或过少对贮藏都是不利的。

（2）结露

结露就是贮运中大堆的果品表面或在塑料袋密封贮藏时在袋内壁上有水珠凝结的现象，也叫出汗。结露时果品表面的水珠十分有利于微生物的生长、繁殖，从而使果品感病、腐烂，对果品贮藏很不利。

2．影响蒸发和结露的因素

（1）影响蒸发的因素

1）内在因素

一是果品表面积比。表面积比是指果品的表面积与其重量或体积之比。表面积比高，蒸发失水多。小果、根或块茎比大果的表面积比大，蒸发失水快。

二是果品品种特性。果品蒸发主要是通过表皮层上的气孔和皮孔进行的，不同品种的果皮组织厚薄不一，果皮上所具有的蜡质层、果脂、皮孔的大小都不同，因而蒸发特性不同。一般果皮薄、气孔和皮孔数目多的果品，容易蒸发失水。

三是果品成熟度。成熟度提高，果皮组织生长发育逐渐完善，角质层、蜡质层逐步形成，其蒸发速度变小。

四是果品保水力。细胞原生质中的亲水胶体和可溶性固形物含量高，细胞的渗透压高、果品保持水分的能力强。

2）外在因素

一是温度高温促进蒸发，低温抑制蒸发。饱和湿度是空气达到饱和时的含水量，饱和差是饱和湿度与绝对湿度的差值，它们随温度的升高而增大。当贮藏环境的绝对湿度不变时，温度升高、饱和差增加，果实失水增加。反之，温度降低、饱和差减小、果品失水减少。果品内部和周围环境的水气压力的差值，称为水气压力差。大多数果品贮藏初期处于降温阶段，同周围环境的水气压力差最大，水分损失也最严重。果温和库温的差别越大、延续的时间越长，失水越严重，尽管此时库内的相对湿度也有一定的影响，但关键在果实的温度。

二是空气湿度。相对湿度是空气中的水蒸气压与该温度下饱和的水蒸气压比值，用百分数表示，常用于表示空气湿度。果品的水分蒸发是以水汽状态移动的，与其他气体一样，水汽是从密度高处向密度低处移动。果品内部的空气相对湿度最少是99%，因此，当果实贮藏在一个相对湿度低于 99%的环境中时，水分就会从果品中蒸发到贮藏环境中去，贮藏环境的相对湿度越小，果品失水越容易。当果品处在降温阶段时，影响水分蒸发的主要因素是温度。当果温与库温一致，且这个温度是该果品的最适温度时，影响水分蒸发的主要因素是相对湿度。

三是风速。贮藏环境中的空气流动可以改变果品周围的空气湿度，从而影响蒸发。在静止空气中，果品蒸发失水形成的水蒸气覆盖在果品的周围，使周围环境中的空气湿度增高、果品蒸发减少。空气流动时会带走果品表面的水蒸气、带来湿度较低的空气，使周围环境中的空气湿度降低水分蒸发速度加快。

四是包装。包装对水分蒸发的影响十分明显。由于包装物的物理障碍作用，使包装内的空气湿度增大、水分蒸发减少。采用包装的果品，蒸发失水量比没有包装的小，果品包纸、装塑料袋、涂蜡和保鲜剂等都有防止或降低水分蒸发的作用。

（2）影响结露的因素

结露是露点温度下，过多的水蒸气从空气中析出而造成的。在空气压力和空气中水汽不变的条件下，通过降温使水汽达到饱和时的温度，称为露点温度。空气中水汽含量多，空气湿度高，露点温度高；反之，空气中水汽含量少，空气湿度低，露点温度低。

高湿、热空气骤然遇到低温时，最容易出现结露。果品贮前如没充分冷却，果品温度高于库温，遇到冷湿空气会形成水滴。果品品温与库温的差值越大、凝结的水珠越多，结露越严重。贮藏中果品堆积过大、过厚时，堆内通风不良，呼吸释放热量会使堆内温度高于表面温度，形成温度差，堆内湿热空气不断排出，遇到外围果品的冷表面凝结成水。果品采用塑料薄膜封闭贮藏时，会因封闭前预冷不充分，产品的田间热和呼吸热使其温度高于外部，加之塑料袋内湿度较高造成冷热温差，这种冷热温差会使薄膜内凝聚水珠。冷藏后的果品，如未经升温而直接放在高温场所，果品的这个冷源与空气中水汽接触形成水珠。库温波动大、频繁，果品温度与库温差增大时，也会结露。

3．蒸发和结露的控制

（1）蒸发的控制

1）增加空气的湿度。贮藏环境的相对湿度是影响蒸发的直接原因，增加空气的湿度，可以减少水分蒸发。贮藏中增湿的方法很多，如可在库内地面洒水或放湿锯末，也可在库中挂湿布条还可用自动加湿器向库内喷迷雾或喷蒸汽。应该注意的是，高湿有利于微生物生长，容易引起果实腐烂，因而果品在高湿环境下贮藏应配合使用杀菌剂防腐。

2）保持稳定的低温。温度高，饱和湿度大，空气中相对湿度小，水分蒸发快。

3）包装、打蜡或涂膜。通过改变果品产品的组织结构来控制失水的可能性不大，但可利用包装、打蜡或涂膜等物理障碍作用减少水分蒸发。最简单的包装方法是用塑料薄膜或其他防水材料将产品包起来，也可将产品放入袋子、箱子等容器中。不同的包装材料保水的能力不一样，聚乙烯塑料薄膜单果包装是应用非常广泛的一种方法，使用高分子膜剂或打蜡在果品表面形成一层涂层，不仅能够减少水分蒸发，而且可以提高商品质量。最好的方法是在产品打蜡或涂膜后，再加上适当的包装。

（2）结露的控制

1）维持稳定的低温。贮藏场所要求有良好的隔热条件，避免外界气温剧烈变化时，库内温度随气温变化而上下波动。

2）适量通风。通风时库内外温差不宜过大，一般温差超过 5°C 就会出现结露。当库内外温差较大又必须通风时，一定要缓慢通风。

3）堆积大小适当。果品堆积过厚、过大，堆内通风不良，果品温度与库温的差值过大时，易出现结露。

（三）成熟衰老生理

果品采收后，仍然在发生一系列复杂的生理生化和变化，继续进行着发育、成熟的过程，直到最后有机体的衰老死亡。在这个过程中，耐藏性和抗病性不断下降。

（1）成熟衰老的基本概念

在果品采后生理学中，成熟和完熟描述了果品发育的不同阶段，由于果品种类较多，采后供食用的部分又分属于植物的根、茎、叶、花、果等不同器官，因而对成熟的概念有时会引起混淆。

1）成熟。成熟就是完成自然生长和发育过程。不同的果品成熟的概念和标准是不一样的，现在一般将成熟从生理学角度和从园艺学角度分别分为生理成熟和商业成熟。

果实发育过程中达到最大生长值并开始成熟的阶段，称为生理成熟。生理成熟后就是衰老。从植物生理学观点看，量适合的生理成熟就是果实离开母体后能自力更生，可以维持很久的寿命。

商业成熟又称园艺学成熟，是以用途作为标准来划分的，即果实达到最合适的利用阶段就称为成熟。实际上这是一种可利用和可销售状态的指标，在果实发育期和衰老期的任何阶段都可发生。

对大多数果实来说，上述 2 个成熟标准不一定一致，在商业上可以根据不同的用途来利用这 2 种成熟度。

2）完熟。表示果实成熟开始直到衰老前夕这个阶段。此时果实的色、香、味最佳，商品性最高，而且这个过程是不可逆的。

3）衰老。果实完全转向分解代谢的过程，是果实开始劣变，组织败坏直至死亡的过程。

（2）成熟衰老的机制

1）激素与果品成熟的关系

在果实生长、发育、成熟和衰老过程中，生长素、赤霉素、细胞分裂素、脱落酸和乙烯 5 大激素的含量有规律地增长和减少，保持着一种自然平衡状态，控制着果实的成熟与衰老。果品成熟与衰老在很大程度上取决于抑制或促进成熟与衰老 2 类激素的平衡。

一是抑制果品成熟与衰老的激素。生长素、赤霉素、细胞分裂素抑制果品的成熟与衰老，这 3 类激素无论是对跃变型果实还是对非跃变型果实，都表现出阻止衰老的作用，并对脱落酸和乙烯催熟有抑制作用。赤霉素和细胞分裂素可以抑制果实组织乙烯的释放和衰老，植物或器官的幼龄阶段，这类激素含量较高，控制着细胞的分裂、伸长，并对乙烯的合成有抑制作用，进入成熟阶段，这类激素含量减少。

二是促进果品成熟与衰老的激素。脱落酸和乙烯是衰老激素，促进果品的成熟与衰老。乙烯是最有效的催熟剂，果品采后一系列成熟、衰老现象都与乙烯有关。脱落酸对完熟的调控在非跃变果实中的表现比较突出，这些果实在完熟过程中脱落酸含量急剧增加，而乙烯的生成量很少。葡萄、草莓等随着果实的成熟，脱落酸积累，施用外源脱落酸能促进柑橘、葡萄、草莓等果实的完熟。跃变果实在完熟中也有脱落酸的积累，施用外源脱落酸也能促进这类果实的成熟。这类激素在植物幼龄阶段含量少，进入成熟含量高。

2）钙在果品成熟，衰老过程中的作用。随着钙调素（CaM）的发现，钙不再被认为仅仅是植物生长发育所需的矿质元素之一，而是有着重要生理功能的调节物质。钙在果实中主要有维持细胞壁和细胞膜结构与功能，以及作为细胞内外信息传递的第二信使等生理功能。

钙与呼吸。完熟过程中果实的钙含量与呼吸速率呈负相关，并且钙能影响呼吸高峰出现的早晚进程和峰的大小。苹果果实钙含量越高，跃变发生越迟，呼吸速率也越小。外源钙也有相同的作用。在 18～20℃ 下贮藏的香梨，随着钙处理的浓度的增加，呼吸跃变到来的时间向后延迟，呼吸峰值降低。

钙与乙烯。钙能抑制成熟进程中果实内源乙烯的释放，延缓果实的成熟与衰老。

钙与生理失调。在逆境条件下，果实组织的胞内和胞外钙系统受到破坏，细胞功能受到影响，从而使一些生理失调和衰老加剧。缺钙可以引起果品成熟与衰老过程中许多生理失调，如苹果苦痘病、樱桃裂果和柑橘枯水等。

（3）成熟衰老的控制

1）创造适宜的环境条件

一是温度。温度是影响果品贮藏寿命最重要的因素。控制温度是延长果实采后寿命的重要措施。采用适宜的低温贮藏，在不干扰果品正常代谢功能的前提下，控制贮藏环境适宜的低温，是果品安全贮藏的主要手段。低温可以抑制呼吸，在一定范围内，呼吸强度随温度的升高而加强；低温可以减少水分蒸发，在一定的相对湿度下，温度低，水分蒸发慢；低温可以抑制微生物的活动，在一定范围内，温度高，微生物的活动加强，容易引起果实腐烂；低温可以抑制乙烯促进衰老的作用，对大部分果品来说，当果温为16.6～21℃时，乙烯的催熟效果最好。

低温贮藏果实有利于控制成熟与衰老的速度，但采用何种温度应该根据果实的种类、品种、生长环境、栽培管理及采收期等因素，通过试验研究来决定。不同种类、品种最适宜的贮藏温度是不一样的，没有一个理想的温度能够适用于一切水果。温度不是越低越好，不适宜的低温会使果实遭受冷害甚至冻害、发生多种生理失调，导致果实败坏。

保持稳定的贮藏温度是十分重要的，波动的温度对果实和微生物的新陈代谢都有刺激作用，还会导致结露现象，促进果实衰老、引起果实腐烂，不利贮藏。

二是湿度。高库内的空气湿度可以有效地降低果实的水分蒸发，避免由于萎蔫产生各种不良的生理效应。绝大部分果品都适应高湿贮藏条件，苹果和梨等产品在高湿条件下的水分损失明显减少，国内外有不少研究报道主张在95%～97%甚至更高湿度下贮藏果品，但空气湿度越高越有利于微生物活动，容易引起产品腐烂。现在认为高湿贮藏条件导致腐烂病害的原因主要是环境中的水汽在果品表面凝结为水珠，可以配合使用防腐剂来解决这一问题。

但是，并不是所有的水果都适宜于高湿贮藏。温州蜜柑在高湿条件下，虽然水分损失较少，但果皮却因吸水而浮皮，果肉内的水分和其他成分向果皮运转，使果实外表新鲜饱满，果肉却干缩，风味变得淡薄，产生枯水生理病害，温州蜜柑最适宜的贮藏相对湿度为85%左右。香蕉、芒果等高湿贮藏显然是弊多利少，因此，果品贮藏中湿度要选择事宜。表3-5为常见几种水果贮藏的适宜温度和湿度。

表3-5　常见水果贮藏的适宜温度和湿度

水果	温度（℃）	相对湿度（%）	水果	温度（℃）	相对湿度（%）
柑橘	3～10	85～90	猕猴桃	- 0.5～0	90～95
葡萄	- 1～0	90～95	苹果	- 1～4	85～93
芒果	13～14	85～90	草莓	- 0.5～0	90～95
菠萝	7.5～10	85～90	香蕉	12～13	90～95

续表

水果	温度（°C）	相对湿度（%）	水果	温度（°C）	相对湿度（%）
桃	-0.5～0	85～93			
梨	0～1	87～95			

三是气体成分。环境的气体成分对水果贮藏寿命的影响是十分明显的，在低温条件下，适当降低氧气浓度和提高二氧化碳浓度比单纯降温对抑制果品的成熟与衰老更为有效，气调贮藏作为一种行之有效的果品贮藏保鲜方法在全世界得到了应用和推广。调节气体成分至少有以下几个方面的作用：抑制呼吸；抑制叶绿素的降解；减少乙烯的生成；保持果实的营养和食用价值；减少果实的失水率；延缓不溶性果胶的分解，保持果实硬度；抑制微生物活动，减少腐烂率。但氧气过低或二氧化碳过高也会对果实产生伤害。

气调贮藏在苹果和梨的贮藏上得到了广泛的应用，在香蕉、芒果、猕猴桃、草莓贮藏上的应用效果也不错。但并非所有的水果都适合气调贮藏，柑橘果实的气调贮藏效果就较差。不同的果品对低氧或高二氧化碳的忍受能力差异很大，对气调贮藏条件的要求也不一样，确定环境的最佳气体组成，通常是以不发生氧气过低或二氧化碳过高伤害为限度，关键是温度、二氧化碳和氧气三者的相互配合。对大多数果品来说，最适宜的贮藏条件是温度0～5°C，二氧化碳0%～5%和氧气3%。

贮藏环境中乙烯浓度对果品的成熟与衰老速度影响很大，应及时排除或加以控制。

2）化学药剂的应用。化学药剂是控制成熟与衰老的辅助措施之一。果品贮藏中常用的化学药剂有2大类：一类是杀菌防腐化合物，在果品采后使用可以减少或预防微生物引起的病害；另一类是调节成熟、衰老的化合物，主要是植物激素和人工合成的植物生长调节剂，在生理上可以参与和干扰代谢作用，对果品成熟与衰老的控制效果明显。

一是延缓成熟与衰老的化合物细胞分裂素对叶绿素的降解有抑制作用。赤霉素可以降低呼吸强度，推迟呼吸高峰的出现，延迟果实变色。青鲜素处理可增加硬度，抑制呼吸。二甲胺基琥珀酸酰胺用于增加果品的着色和硬度。亚胺环己烷、环氧乙烷、脱氢醋酸钠等新陈代谢抑制剂，可保持果品硬度，抑制呼吸。

二是促进成熟与衰老的化合物催熟主要是乙烯利（2-氯乙基磷酸），乙烯利是一种人工合成的乙烯发生剂，能够促进果品成熟，常用于果品的催熟和脱涩。维生素C、乙炔、乙醇也有催熟作用。

3）物理技术的应用。物理技术也是控制成熟与衰老的辅助措施之一。果品经过涂膜、辐射或电磁处理，能够延缓果品的成熟与衰老。

一是涂膜处理。涂膜处理即在采后果实的表面人工涂上一层薄膜，起到延缓衰老、保护组织、美化商品的作用。果实涂膜后产品表面形成一层薄膜，可适当阻塞果实表皮气孔和皮孔，减少水分蒸发，抑制呼吸，延缓果实衰老。可增加产品光泽、改善外观，提高商品价值，还可作为防腐剂的载体抑制微生物的败坏作用。同时也可减轻果实贮运中的机械损伤。

涂膜处理通常将蜡、天然树胶、脂类和明胶等造膜物质，配成适当浓度的水溶液或乳液，采用浸渍、涂抹、喷布、泡沫和雾化等方法施于果实表面，风干或烘干后会形成一层薄薄的薄膜。但涂膜不能太厚，因为果实内部气体交换受阻过度后，随着贮藏时间的延长，果品容易出现低氧或高二氧化碳伤害。

二是辐射技术。辐射处理贮藏食品的研究开始于 20 世纪 40 年代，现已进入商品性生产阶段，其中包括干果、鲜果等。辐射贮藏食品，主要是利用钴-60 或铯-137 发生的 Y 射线照射食品。

采用辐射处理贮藏果品是强化贮藏效果的一种措施，辐射效应总是随照射剂量增大而加强。但实际应用上并非剂量越大越好，有时会因剂量增高而起反作用，所以对某种果品应有临界剂量和有效剂量范围。目前在国外对果品使用的最大剂量为 5Gy，在国内，近年来一些单位对果品的辐射处理试验也取得了好的成就。辐射处理对一些果品的保存虽然有效，但在辐射处理时，还应注意果品种类、品种以及处理后的贮藏条件、管理措施等，才有可能获得好的综合效应。

辐射虽然在果品贮藏上，用以杀虫防腐、抑制发芽等方面效果较好，也安全可靠，许多国家已批准在生产上应用，但在调节果品后熟、衰老方面有许多问题还有待继续深入研究。关于辐射贮藏食品的试验和理论分析表明，辐射食品应该是安全无害的。但为了确保人体健康，对每一种辐射食品都须单独进行各种试验和分析，包括多代的动物试验，确认安全无害后才由政府以法律的形式批准用于商品生产。

三是电磁处理。电磁新技术的发展和应用，可以改变果品品质、增强抗病性、提高产量，为果品贮藏保鲜提供了一条新途径。

生物体在总体上处于电荷平衡状态，但其各个局部则带有不同质和量的电荷。因此，在电磁力的影响下，必然会发生种种理化变化，如一些果品经电磁处理后有抑制呼吸、延迟后熟、减少腐烂等作用。当前电磁处理的方式有如下 3 种：一是高频磁场处理，产品放在或通过电磁线回的磁场中，使其直接受到磁力线的影响；二是高压电场处理，产品放在或通过由两个金属极板组成的高压电场中，可能使产品受到电场的直接作用或高压放电形成高子空气的作用或是放电形成臭氧的作用等；三是离子空气和臭氧处理，不是直接在电场中，而是用高压放电时形成的离子空气和臭氧直接处理产品。臭氧是强氧化剂，除有消毒防腐作用之外，还有其他生理效应。

（四）低温伤害生理

降低贮藏温度是贮藏保鲜的首要措施，低温有利于延缓果品的呼吸、蒸腾作用，抑制乙烯生成和微生物活动，但果品对低温的忍耐是有限的，温度并不是越低越好。不适宜的低温不仅不能增加果品的耐藏性和抗病性，反而会出现冷害、冻害，影响果品正常生理代谢，造成低温伤害。

1. 冷害

冷害是指由果品组织冰点以上的不适宜低温造成的生理伤害，是果品贮藏中最常见的生理病害。

（1）冷害的症状

冷害的主要症状是出现凹陷，变色，成熟不均和产生异味。一些原产于热带、亚热带的果品，往往属于冷敏性，如香蕉、柑橘、芒果、菠萝等，在低于冷害临界温度下，组织不能进行正常的代谢活动，耐藏性和抗病性下降，表现出局部表皮组织坏死、表面凹陷、颜色变深、水渍状、果肉组织褐变，不能正常成熟、易被微生物浸染、腐烂等冷害症状。

（2）冷害对果品贮藏的影响

1）生理代谢异常。冷害使细胞膜由软弱的液晶态转变为固态胶体，细胞膜透性增大，电解质外渗，酶活性增强，呼吸上升，乙烯增加，成熟、衰老加快。同时出现反常呼吸，乙醇、乙醛和丙二醛等有毒物质积累，组织受到伤害。

2）耐藏性和抗病性下降。遭受冷害的果品新陈代谢紊乱，可溶性糖明显减少，维生素 C 减少，有机酸和果胶也有变化，果品的外观、质地、风味变劣，抗病性下降，极易被微生物浸染腐烂。

3）影响果品冷害的因素。一是贮藏温度和时间，在导致发生冷害的温度下，一般温度越低，发生越快。温度越高，越不容易出现冷害。但也有特殊情况，如葡萄柚在0°C 或10°C 下贮藏5～6周后极少出现冷害，而中间温度则会导致严重冷害发生。贮藏温度和时间是冷害发生与否及程度轻重的决定因素，某些中间温度出现严重冷害症状，只是局限于一定的时间。长期贮藏后，冷害的程度与贮藏温度是成负相关的，如果将遭受冷害的产品放到常温中，都会迅速表现出冷害症状和腐烂；二是果品的冷敏性，冷敏性因果品种类，品种，成熟度的不同而异。热带、亚热带果品冷敏性较高，容易遭受冷害。同一种类不同品种也存在冷敏性差异，如温暖地区栽培的产品比冷凉地区栽培的冷敏性高、夏季生长的比秋季生长的冷敏性高。果品的成熟度也影响冷敏性，提高产品的成熟度可以降低冷敏性，一般不耐寒的植物线粒体膜中不饱和脂肪酸的含量低于耐寒的植物，冷敏性高。此外，果实大小、果皮厚薄和粗细对冷害的迟早和程度都会有影响。

4）果品冷害的防止措施。一是变温贮藏，从低温到高温的贮藏方式，有利于控制冷害。通过升温，组织中积累的有毒物质在加强代谢中被消耗，或是低温中衰竭了的代谢产物在升温中得到恢复。这种温度调节对高峰类果实如香蕉有效，但对无高峰类果实如柑橘无效。低温贮藏中，间歇升降温度，对防止冷害有效；二是低温锻炼，贮藏初期，果品贮藏温度从高温到低温，采取逐步降温的方法，使之适应低温环境，减少冷害。每天下降 3°C 可把油梨的凹陷斑纹从 30%降低到 3%，但对柠檬和柚子无效；三是提高成熟度，提高成熟度可减少果品冷害的发生；四是提高湿度，接近 100%的相对湿度可以减轻冷害症状，相对湿度过低则会加重冷害症状。采用塑料薄膜包装，可以保持贮藏环境的相对湿度，减少冷害；五是采用气调，贮藏二氧化碳浓度从 1.7%～7.5%都能够影响冷害的发生，贮藏中适当提高二氧化碳浓度、降低氧气浓度可减轻冷害。对防止冷害来说，7%的氧气是最适宜的浓度；六是化学处理，氯化钙和苯甲酸钠等化学物质通过降低水分的损失，可以修饰细胞膜脂类的化学组成和增加抗氧化物的活性，减轻冷害。

2．冻害

冻害是果品在组织冰点以下的低温下，细胞间隙内水分结冰的现象。

（1）冻害的症状

果品在组织内水分冻结成冰晶体（水泡状），组织呈半透明或透明状，有的呈水烫状，颜色变深、变暗，表面组织产生褐变，有异味。

（2）冻害的机制

果品处于其冰点环境时，组织的温度直线下降，达到一个最低点，虽然此时温度比冰点低，但组织内并不结冰，在物理学上称为过度冷却现象。随后组织温度骤然回升到冰点，细胞间隙内水分开始结冰。冰晶体首先是由纯水形成，体积很小，在缓慢冻结的情况下，水分不断从原生质和细胞液中渗出，细胞内水分外渗到细胞间隙内结冰，冰晶体体积不断增大、细胞脱水程度不断加大，严重脱水时会造成细胞质壁分离。

（3）冻害对果品贮藏的影响

冻害的发生需要一定的时间，如果贮藏温度只是稍低于果品冰点或时间很短，冻结只限于细胞间隙内水分结冰，细胞膜没有受到机械损伤，原生质没有变性，这种轻微冻害危害不大。采用适当的解冻技术，细胞间隙的冰又逐渐融化，被细胞重新吸收，细胞可以恢复正常。但是，如果细胞内水分外渗到细胞间隙内结冰，损伤了细胞膜，原生质发生不可逆凝固，加上冰晶体机械伤害，那么即使果品外表不表现冻害症状，产品也会很快败坏。解冻以后不能恢复原来的新鲜状态，风味也遭受影响。

（4）解冻技术

对于冻害的防止，关键是掌握果品最适宜的贮藏温度，避免果品长时间处于冰点温度下。如果管理不善，果品发生轻微冻害，可采用适宜的解冻技术恢复正常。

1）缓慢解冻。在 5°C 下解冻为好。温度过低，附着于细胞壁的原生质吸水较慢，冰晶体在组织内保留时间过长会伤害组织。温度过高，解冻过快，融化的水来不及被细胞吸收，细胞壁有被撕裂的危险。

2）切忌搬动。已经冻结的果品非常容易遭受机械损伤，在解冻前切忌随意搬动，防止受伤。

第四章　刺梨贮藏研究进展

第一节　果品贮藏方法

一、简易贮藏

果品简易贮藏是利用自然低温来维持和调节贮藏环境的适宜温度的贮藏方式，包括堆藏、沟藏、窖藏、假植贮藏和冻藏。简易贮藏的特点是：结构设备简单，建造方便，可以因地制宜、就地取材，经济实用，并且都具有一定的自发保藏作用。

（一）堆藏

堆藏是将果品直接堆码在地面或坑中的一种贮藏方式。根据气候变化和果品种类不同，用隔热保温材料（如泥土、沙子、木屑、秸秆等）覆盖，防冻、防热、防晒、防风和防雨，创造适宜的温度，以达到安全贮藏的目的。堆藏的具体方法大同小异。堆藏的地点应选择地势较高、平坦且排水良好的地方，可直接将果品堆码在地面，也可挖浅沟或就地遮以阴棚。堆码的高度和宽度应根据当地气候条件，果品种类而定。一般堆高 lm、宽度 1.5～2m，堆过高或过宽将影响通风散热。堆中间设有通风口，每 5～2m 设一个通风口，堆的长度依果品的数量而定。

堆藏设备结构十分简易，可以因地制宜、就地取材。但由于受外界温度影响较大，一般多用于耐贮性强的果品，如板栗等。堆藏适用于较温暖的地区越冬贮藏，在寒冷的北方多在初冬做临时预贮或短贮。

（二）沟藏

沟藏是将果品堆放在沟内或坑内，放一层或多层，然后根据温度变化分次进行覆土，达到一定的覆土厚度来维持和调节适宜果品贮藏环境的一种方式。贮藏沟的地点应选择在交通运输方便，地势平坦，土质坚实，干燥而不积水的地方。沟的方向应根据当地气候条件而定，在寒冷地区，为减少严冬寒风直接攻击，以南北长为宜；在较温暖地区，为了增大迎风面，加强贮藏初期和后期的降温作用，以采用东西长为宜。沟的深度依各地气候、果品种类及对温度的需求而定，一般以0.8～1.5m为宜。寒冷地区宜深些，过浅果品易受冻；温暖地区宜浅些，防止果品伤热腐烂。一般要求在冻土层以下贮藏，这样果品不仅不受冻，还能得到适宜的低温。沟的宽度一般以1.0～1.2m为宜，贮藏量大时，为防止伤热，可增加沟的长度。沟的宽度对贮藏效果影响很大，能改变气温和土温作用面积比例。加大宽度，果品贮藏的容量增加，散热面积相对减少，尤其贮藏初期和后期，果品容易发热。沟的长度应根据地形和贮量的多少而定，一般以不超过30m为宜。在降雪较多的地区，应沿沟的两侧设置排水沟，并沿沟边培土埂，以防雪水流入沟中，不利于管理。

（三）窖藏

窖藏是在埋藏的基础上发展起来的一种贮藏方式，主要包括棚窖、窑窖和井窖3种类型。窖藏的优点是便于产品出入和检查，便于调节温度、湿度、气体成分等，贮藏效果好。窖藏是根据当地自然环境和地理条件的特点建造的，既能利用土壤保温，又可利用简单通风设备，调节和控制窖内的温度、湿度、气体成分，是我国北方地区广泛利用的贮藏方式。

1. 窖藏的结构类型

（1）棚窖

棚窖分地下式和半地下式2类。在温暖的地区或地下水位较高的地区多采用半地下式，入土深1.5m，地上高为1.0～1.5m。寒冷地区多采用地下式的棚窖，窖深为2.5～3.0m，窖长根据贮藏量而定，一般为20～50m，窖上面覆土为80～100cm，窖顶设窖口，窖宽度根据地点、材料而定，一般宽为2.0～2.5m或4.0～6.0m。大型的棚窖应设有天窗和窖门，以便果品出入，并起通风换气作用。

棚窖是较为普遍的一种窖藏方式，下面以梨为例介绍棚窖的贮藏方法。中国梨的贮藏温度一般为0°C左右，而大多数洋梨品种适宜的贮温为-1°C。适宜贮藏的空气相对湿度为85%～95%。河北利用棚窖贮藏鸭梨，深2m、宽5m、长15m左右，窖顶用椽木、秸杆、泥土做棚，其上设2个天窗，每个天窗的面积为2.5m×1.3m，窖端设门，高1.8m、宽0.9m。梨收获后要在窖外预贮，当果温、窖温都降至接近0°C时即可入窖。产品堆码时，堆垛底部要用枕木垫起，各层筐间最好加垫秫秸秆或隔板，以利通风。堆垛上部距窖顶留出60～70cm的空隙，码垛之间也要留通道，以便贮藏期间检查。入窖初期，门窗要敞开，利用夜间低温通风换气。当窖温果温降到0°C是关闭门窗，并随气温下降，窖顶分次加厚覆土，最后达30cm左右。冬季最冷时注意防寒保温，好天气，温度0°C时适当开窗通风，调整温湿度及气体条件。春季气温回升，利用夜间低温适当通风，延长梨的贮藏期。

（2）窑窖

窑窖是一种结构简单、建造方便、管理容易、性能良好的贮藏方式，多建在丘陵山坡、土质坚实的迎风处。不用覆盖，坚固耐用，一次建成后可连续多年使用。

1）窑窖的特点。窑窖贮藏是我国早已采用的一种比较简单的贮藏方式，主要特点是土层深厚、热传导性能差、窑内温度受外界气温变化较小、温度较低而稳、相对湿度较高。据研究表明，以每天下午 2 时的温度平均值进行比较，自 9 月下旬～11 月底之前，窑外平均气温比窑内高出 4～9℃，12 月上旬开始窑外气温下降，至次年 2 月又急剧回升。窑外平均温差在 11℃以上，而窑内温度稳定在 1～3℃之间，温度变化仅 1℃左右。窑窖建造简单，不需要特殊的建筑材料，省劳力、省投资，管理方便，效果良好。

2）窑窖的建造。选地势干燥，土质较好的地方建窑。陕西等地为了利用窑外冷空气降温，特别注意选用偏北的阴坡。窑形根据地形而定，坡地、原道、崖道可以打平窑。崖、坡不高或平地，可以打有斜坡道（或称马道）的直窑，还可以打带有拐窑的子母窑。窑的类型主要有大平窑、母子窑等。

Ⅰ．大平窑是土窑洞的最基本结构，由窑门、窑身和通气孔 3 部分组成。

A．窑门。方向应选择朝北方向，切忌向南或向西南。一般设 2 道门，门上边留 50cm×40cm 的小气窗。门宽 1～1.5m、高 5～3m，2 道门距 4～6m，构成缓冲间。门道向下倾斜，2 道门为栅栏门，供通风换气用。

B．窑身。窄而长的窑身有利于加快库内空气流动速度、增强库体对顶土层的承受力，窑顶呈尖拱形更好。窑过宽会减慢空气的流动，过长会加大库前和库后的温度差。一般深度为 30～50m，宽 2.5～3m，高约 3m。窑身顶部由窑口向内缓慢降低，顶底平行。顶上土层隔热防寒。窑内设地槽，用以防鼠及灌水降温增湿。

C．通风孔。是土窑洞通风降温的关键部位，设在窑身的后壁上。通风孔应有足够大的内径和高度，才能有足够大的通风量和加快热空气上升速度。通风孔内径下部 1～1.5m、上部 0.8～1.2m、高为身长的 1/2～1/3，砌出地面，底下开 1 扇控制排气量的活动天窗，下部安上排气扇加强通风。

Ⅱ．母子窑有“梳子型”和“非字型”2种结构。母子窑是在母窑侧向部位掏挖多个间距相等的平行子窑。母窑窑门高约3m、宽1.6～2m，下马坡道长5～8m，比降15%～25%。母窑宽2m 左右，为增加子窑数量可延伸百米左右。通气孔内径1.4～1.6m。子窑窑门高2.8m、宽0.6～1.2m，窑顶和窑底尖低于母窑，有适当比降。位于母窑同侧子窑的间距应大于8m，两侧相对窑门要相互错开。

2．窖藏的管理

（1）果库消毒

窑窖存果前应进行消毒，旧窑窖更应搞好清扫消毒工作，方法是用硫黄拌入锯末点燃烟熏，每 100m^3 库容量用 lkg 硫黄进行熏蒸，密闭 2～3d，然后打开通风数天即可使用。

（2）挑选果实

供贮藏用的果实应当成熟适度，无伤无病虫，果个中等偏大，果形正、着色好，这样的果实耐藏性最好。

（3）入库

窑窖贮藏苹果既可装箱堆垛，也可散放堆藏。装箱堆垛贮藏时，垛堆底部要用砖、木等垫起5～10cm，垛堆上部距窑顶要留70cm左右的空隙。筐装最好立垛，筐沿压筐沿；箱装最好采取横直交错的花垛，箱间留出3～5cm宽的缝隙，以利通风。垛堆应靠窑两侧，中间留出走道，以便操作管理。散放堆藏时，先在地面铺5～6cm厚干净细沙，然后将果实一层层摆放在细沙上，高度以70～100cm比较适宜。

（4）入库后的温湿度调节

入库初期，应当迅速使库温下降，一般白天关闭门窗，夜晚打开，因为苹果在高温下呼吸旺盛，而在低温下这种代谢就微弱得多。温度以0～0.5℃为宜，但不能低于－2℃。寒冷的冬季，只要保证库温不波动，即关闭门窗保持低温就行。如果外界气温低，库温却有上升，在晴天中午可缓慢通风降温。只要外界温度不低于－6℃，就不至于出现冻害。开春气温回升，主要工作是防止库温回升，窑内湿度一般高而稳，在通风频繁时，为防止湿度下降造成果实失水，可采用往地槽内灌水，库内挂湿草帘、放湿锯末、积雪的方法，也可给地面墙壁喷水，地面墙壁上有霜状物说明湿度在要求85%～90%范围以内。

（5）湿度管理

贮藏要求环境要有一定的湿度，以抑制产品的水分蒸发。窑窖经过多年的通风管理，土中的大量水分会随气流而流失。因此，窑窖贮藏必须有可行的加湿措施，一般可采取冬季贮雪贮冰、地面洒水、窑内挂湿草帘、产品出库后窑内灌水等方式。

（6）定期检查

果实贮藏期间，一般每隔半月仔细检查1次，及时剔除烂果，以减少病菌传播浸染。如发现质量下降严重，不可继续贮藏时则应考虑出售。如果实受冻，应采取自然缓慢解冻的方式，这样细胞不会被破坏、不会流水，不能搬动以防机械损伤，等解冻后应尽快售出。

（四）冻藏

冻藏是我国北方地区贮藏果品的一种方法，与埋藏沟的方法类似，即利用自然低温使果品处于轻微冻结状态进行贮藏。果品冻藏使呼吸代谢减弱、微生物活动受到抑制，但产品仍能保持生机。冻藏温度不能过低，否则果品易受冻、升温后不能复鲜。如果品菜处于微冻状态，食用前经缓慢解冻，仍能恢复保鲜状态，保持其品质。

冻藏主要应用于耐寒性强的果品，例如苹果、柿子等。冻藏的果品需经过解冻才能上市，解冻应缓慢进行，温度应逐渐升高，否则会使果品呈水烂状，汁液外渗，食用时有冻性味，造成损失。解冻后的产品应立即销售或加工利用，不宜长久贮藏。

二、通风贮藏库

通风贮藏库是在棚窖的基础上演变而成的，具有较完善的绝缘结构和通风设备。利用自然低温和通风，提供适宜的环境条件以贮存果品等物品的仓库。库房上设有进出风口，可在密闭条件下利用库内外的温差及昼夜温度的变化，以控制通风换气的方式来保持库内适宜的温、湿度。有些通风库还装设有机械通风设备。

（一）通风贮藏库的种类

通风库可分为地上式，地下式和半地下式 3 种类型。地上式通风贮藏库的库体全部建筑在地面上，受气温影响最大。地下式通风贮藏库的库体全部建筑在地面以下，仅库顶露出地面，受气温影响最小，而受土温的影响较大。半地下式通风贮藏库的库体一部分在地面以上，一部分在地面以下，库温既受气温影响，又受土温影响。在冬季严寒地区，多采用地下式，以利于防寒保温；在冬季温暖地区，多采用地上式，以利于通风降温。介于两者之间的地区，可采用半地下式。

（二）通风贮藏库的建造

1．建库地址的选择

通风贮藏库要求建筑在地势干燥，最高地下水位低于库底 1m 以上，四周空旷，通风良好，空气清新，交通便利，靠近产销地的地方。通风库要利用自然通风来调节库温，因此，库房的方位对能否很好地利用自然气流至关重要。在我国北方，贮藏的方向以南北向为宜，这样可以减少冬季寒风的直接攻击，避免库温过低。在南方则以东西方向为宜，这样可以减少阳光的直射对库温的影响，也有利于冬季的北风进入库内而降温。在实际操作中，一定要结合地形地势灵活掌握。

2．库房的排列形式

（1）单独式

以一栋库房为一建筑单位，贮藏量为 100～200t。在库墙的上、下部及库顶分别设有排气窗和排气筒，库门前设有缓冲间。因此，空气对流速度快，有利于通风排气，避免春和秋季较高气温和冬季寒冷空气直接进入库内而影响贮藏。

（2）分列式

每个库房都自成独立的一个贮藏单位，互不相连，库房间有一定的距离。其优点是每个库房都可以在两侧的库墙上开窗作为通风口，以提高通风效果。但其缺点是每个库房都须有两道侧墙，建筑费用较大，也增加了占地面积。

（3）连接式

这种形式的库群，相邻库房之间共用一道侧墙，一排库房侧墙的总数是分列式的 1/2 再多一道。这样的库房建筑可大大节约建筑费用，也可以缩小占地面积。然而，连接式的每一个库房不能在侧墙上开通风口，须采用其他通风形式来保证适宜的通风量。小型库群可安排成单列连接式，各库房的一头设一共用走廊，或把中间的一个库房兼做进出通道，在其侧墙上开门通入各库房。

3．库房结构设计

（1）库容以及库的平面配置

根据库容量计算出整座库的面积和体积。在计算面积时要考虑到盛装果实容器之间、容器与墙壁之间的间隔距离，以及走道、操作空间所占的面积，除贮藏间外还应考虑防寒套间等设施的面积。通风库一般都建成长方形或长条形，为了便于使用管理，库房不宜太大，每一个库房贮藏量以在 100～150t 之间较好。当贮藏量比较大时，可由几间小贮藏间组合而成库群，中间设有走廊，库房的方向与走廊相垂直，库房的大门开向共同的走廊。走廊既可作为缓冲地带，又便于装卸产品和进行相应的操作。

（2）库顶

通风贮藏库的库顶，一般有脊形顶、平顶和拱顶3种形式。脊形顶库房，在北方需做天棚，棚上铺隔热材料以增加保温效果，但这种库顶结构较复杂、建材耗用量大，现采用较少。平顶即为侧墙上铺架预制水泥板的库顶，建造虽较简易，但造价较高，并限制了库内空间高度。目前推广拱顶库，库顶呈弧形，用砖和水泥砌成弧形拱顶，由于拱面受压不会产生张力、结构较坚固，而且拱顶的重量均移至侧墙上，因此，即使是大跨度库顶也不需设立支柱。跨度6m以上的拱顶库可采用双曲拱顶，多是整个大拱面，由宽约1.5m与大拱相垂直的小拱组成，库顶呈波状的大弧顶增加了库顶的坚实性。

（3）库墙

通风库的墙体要符合隔热要求。北方主要满足冬季保温，夏季隔热降温的需要。墙体有竹木墙、土墙、砖墙等，以砖墙较多。砖墙又分空心砖墙和砖砌夹墙，也可利用加气混凝土砖作为库墙材料，其墙体隔热效果高于普通砖的 3 倍。无论是竹木还是砖砌的夹层墙，必须填入各种绝缘隔热物，以增加库墙的隔热保温性能。

（三）通风系统和隔热结构的设计

1．通风系统的设计

通风贮藏库是以导入冷空气，使之吸收库内的热量再排到库外而降低库温的设计。库内贮藏的果品所释放出的大量二氧化碳、乙烯和醇类等，都要靠良好的通风设施来及时排除。因此，通风设施在通风贮藏库的结构上是十分重要的组成部分，直接影响着通风库的贮藏效果，而单位时间内进出库的空气量则决定着库房通风换气和降温的效果。通风量首先决定于通风口的截面积，还决定于空气的流动速度和通风的时间。空气的流速又决定于进出气口的构造和配置。

根据单位时间应从贮藏库排除的总热量以及单位体积空气所能携带的热量，就可以算出要求的总通风量，然后按空气流速计算出通风面积。通风量和通风面积的确定涉及因素很多，计算比较复杂。所涉及的因素大多是变化不定的，因此在具体设计工作中，除做理论计算外，还应该参考实际经验做出最后决定。

2．进、排气口的设计

通风库的通风降温效果与进、排气口的结构和配置是否合理密切相关，空气流经贮藏库借助自然对流作用，将库内热量带走，同时实现通风换气。空气在库内对流的速度除受外界风速的影响外，还受是否设置进、出气口，以及进、出气口的高差大小等因素的影响。分别设置进、出气口，气流畅通，利于通风换气。要使空气自然形成一定的对流方向和路线，不致发生倒流干扰，就要设法建立进、出口二者间的压力差，而压力差形成的一个主要方式是增加进、出口之间的高度差。因此，贮藏库的进气口最好设在库墙的底部，排气口设于库顶，这样可以形成较大的高差。对于地下式和半地下式的分列式库群，可在每个库房的两侧墙外建造地面进气塔，由地下进气道引入库内，库顶设排气口，这样也组成了完整的通风系统，只是进出气口间的高差较小。连接式库在墙外建立进气塔，只能将全部通风口都设在库顶，在秋季可利用库门进行通气。建在库顶的通风口，处在同一高度，没有高差，进出气流不能形成一定的方向和路线，容易造成库内气流混乱，降低对流速度。为解决这一问题，可以将大约一半数量的通风口建成烟囱式，高度 lm 以上。另一半通风口与库顶齐平，进出气口可形成一定的高差，还可以在通风口上设置风罩。根据外界风向，在风罩的不同方向开门，就可分别形成进出气口，还可做成活动风罩，加上风向器，可自动调节风罩的方向。

设置气口时，每个气口的面积不宜过大。当通风总面积确定之后，气口小而数量多的系统比气口大而数量少的系统具有较好的通风效果。气口小而分散均匀时，全库气流均匀，温度也较均匀。一般通气口的适宜大小为 25cm×25cm～40cm×40cm，气口的间隔距离为 5～6m。通风口应衬绝缘层，以防结霜阻碍空气流动。通气口要设活门，以调节通风面积。

3．隔热结构的设计

为了维护库内稳定而适宜的低温，不受外界温度变动的影响，特别是为防止冬季库温下降过低，而在高温季节又随气温急速上升而波动的情况，通风库应有适当的隔热结构。隔热结构主要设置在库内的暴露面上，尤其是库顶、地上墙壁、门和窗等部分。隔热层通风库的隔热结构一般是在库顶和库墙敷衬用隔热性好的材料构成的隔热层。建造库墙、库顶的砖、石、水泥等建筑材料，以及墙外护覆的土壤，隔热性都很差，只能作为库的骨架和支撑库顶重量，主要依靠隔热层起隔热保温作用。

通风贮藏库常用的隔热材料有锯屑、稻壳、炉渣和珍珠岩等，静止空气的隔热性极好，用空心砖砌墙可以大大提高保温效果。

墙体厚度可进行计算。隔热层的厚度应当使贮藏库的暴露面向外传导散失的热能，约与该库的全部热源相等，这样才能使库温稳定而不致于温度下降过多。

（四）通风贮藏库的管理

1．库房和器具清洗消毒

除新建的果品贮藏库初次使用外，经常使用的通风贮藏库在产品入库之前和结束贮藏之后，都要进行清扫和消毒工作，以减少果品贮藏中因微生物感染引起的病害。消毒可以用点燃硫黄熏蒸的方式，硫黄用量大约为每立方米库容用硫黄10g，如果库内设备、容器或产品已发生过微生物病害或生霉的问题，硫黄用量可适当增加。熏蒸时关闭库门和通风系统，点燃硫黄熏14～28h后，继续密闭24～48h，然后打开通风系统和库门，彻底排除残留的二氧化硫气体，因为残留的二氧化硫浓度过高，可能伤害产品。硫黄燃烧产生的二氧化硫气体遇水生成亚硫酸，对微生物有强烈的破坏作用，能抑制其繁殖生长，避免产品发生腐烂或微生物病害。同时亚硫酸也能腐蚀金属材料，应特别注意加以保护。此外，也可以采用甲醛、漂白粉或次氯酸钠消毒，用1%的甲醛水溶液、4%的漂白粉澄清液或有效氯含量0.1%的次氯酸钠溶液喷洒库内用具，架子等设备及墙壁，密闭24～48h后通风。

2．果品入库和码放

在北方秋季，如果气温尚高，库内的温度也高，果品刚收获时呼吸旺盛，所带的田间热和释放的呼吸热也多，此时果品直接入窖，必然会使库温降不下来，果品堆放在一起容易发生热腐烂。因此，可将果品先放在背阴处，散发田间热和呼吸热，待外界气温下降到会使产品受冻时，再入库贮藏。需要注意的是果品上要稍加覆盖，防止产品的失水。果品入库前除要对库房进行消毒外，还要通风降温，以便果品进入库内后就有一个温度适宜的环境，使其能够尽快降温。一般是夜间通风、白天关闭，使温度降低。入库前库内湿度若低于贮藏所要求的相对湿度，可以在地面喷水以提高库内的湿度。果品在库内要码放得当，能使空气流动通畅，才能取得好的贮藏效果。一般要装箱、装筐分层码放，或在库内配有果架，底部或四周留有缝隙，堆码之间留有通风道。

3．通风管理

果品入库后的主要管理工作是控制通风，导入库外冷凉空气、排除库内热空气，降低库内温度。应在库外北面和南面离墙 2～3m 处放置温度计，定时观察温度变化，当库外温度低于库内温度时，打开进气口和出气口，引入外界低温空气，促使果品尽快降温，必要时还可打开库门增加空气流量。在北方地区，果品产品入库后可分为前、中、后 3 个时期加强管理，前期和后期以夜间通风降温为主，中期则以防冻保温为主。

一般情况下，前期是指从入库到 12 月中下旬，中期为 1 月份到开春，后期为开春以后。因北方地区昼夜温差大，夜间是贮藏库通风的适宜时间。而在日出后，库外气温回升，到库外温度高于库内温度时，即应关闭库门和进出风口，防止外界热空气侵入库内。如此日复一日，直到贮藏库内温度下降到果品贮藏的适宜温度，然后依靠开闭通风系统继续维持稳定的的库温。在有冰源的地区，也可在库内放置冰块，加强降温效果。当严寒的冬季来临时，则要防止库外温度过低、冷空气侵入库内而引起产品发生冻害，需关严库门和进出风口维持库内适宜低温。这一时期的管理要特别注意防寒保暖，在关闭通风系统的同时，适当更换库内空气。只能在白天或中午库外气温高于冻结温度时，打开出气口引入冷空气调节库内温度，通风时间仍在外界气温低于库内温度时进行。当外界气温进一步升高，夜间温度也难以调节适宜的贮藏低温时，应当及时将产品出库销售。

如果在库内安装电排风扇通风，可以在夜间库外温度最低时开风扇，加速通风换气，缩短通风时间，也缩短产品降温的时间。如果能在排风扇电路上用自动控制装置连接温度检测器，当库外温度低于库内温度时，可自动开启进出风口通风。当库外温度升高超过库内温度时，自动关闭进出风口停止通风，则管理更为方便。

4. 温度和湿度管里

秋季产品入库初期，一般都要求尽量增大通风量、迅速降低温度，所以这时应将全部通风口和门、窗打开，使库门做进气口，库顶通风口都作为排气口。随着气温逐渐下降，逐渐缩小通风口的开放面积；到最冷的季节，关闭全部进气口，使排气口兼进、排气作用，或缩短放风时间。可见，通风库的放风主要服从于温度要求。

除了控制贮藏库内适宜的低温条件之外，保持库内较高的相对湿度，减少产品失水而造成的自然损耗，也是通风贮藏管理中的一项重要措施。特别是北方地区的秋冬季，空气相对湿度较低，通风必将使库内空气的相对湿度大大降低，因此需要向库内空气中补充水分。常用的方法是在库内地面上泼水或将水喷在墙壁上，也可以在库房四周的墙壁上或垛周围挂草帘，向草帘喷水。对大多数水果品而言，库内相对湿度需保持在90%～95%。在近代贮藏技术中，有不少果品可以用塑料薄膜包装，做自发气调贮藏，或用来保持袋内较高的相对湿度，此时库内增湿的措施就不重要了。对于某些不适宜采用气调贮藏的果品如鸭梨、雪花梨等，不能用塑料薄膜包装，仍然需要加湿。

5. 通风库的周年利用

通风库是永久性固定建筑，应尽可能提高其利用率。过去通风库只用于贮藏秋菜，半年忙碌半年闲，利用不经济。周年使用时，一是是注意前批产品出清和后批产品进库之间的空挡时间，做好库房的清扫、消毒、维修等工作。二是要做好夏季的放风管理工作。为了尽可能使库内维持较低的温度，不随外温升高而迅速上升，在高温季节应停止白天放风，仅在夜间放风。做好夏季的放风管理，使库内可以维持约比库外温度低 10°C。

三、机械冷藏

机械冷藏起源于 19 世纪后期，是当今世界上应用最广泛的新鲜果品贮藏方式。

目前世界范围内机械冷藏库向着操作机械化，规范化，控制精细化，自动化的方向发展。

（一）机械冷库的概述

机械冷藏现已成为我国新鲜果品贮藏的主要方式。用机械冷库贮藏果品，是在具有良好保温隔热性能冷库建筑的基础上，通过安装专门的制冷装置，消耗一定的电能或机械能，得到各种果品贮藏所需要的适宜低温。因而，机械冷库贮藏果品有不受外界环境条件影响，可以终年维持冷库内所需要的低温，以及便于调整库内相对湿度等优点。果品机械冷库，是用来贮藏果品等生鲜农产品的，库内设计温度一般为0°C左右。在冷库分类上将库温在0°C左右的冷库叫做高温库，也称恒温库。

冷藏是在有良好隔热性能的库房中借助机械冷凝系统的作用，将库内的热传递到库外，使库内的温度降低并保持在有利于水果长期贮藏的范围内的方式。机械冷藏的优点是不受外界环境条件的影响，可以终年维持产品所需要的温度，冷库内的温度、相对湿度和通风都可以控制调节。但是机械冷库是一种永久性的建筑，费用较高，因此在建冷库之前应对库址的选择、库房的设计、冷凝系统的选择和安装、库房的容量都应仔细考虑，同时也要注意到将来的发展。

（二）机械制冷原理

水果进入冷库时带有大量田间热和呼吸热，此外，库体的漏热、包装箱携带的田间热，以及灯光照明、机械和人员操作所产生的热负荷都需要排除，以便维持冷库中的低温。这个过程是通过制冷剂的状态变化来完成的，机械制冷的工作原理是利用制冷剂从液态变为气态时吸收热的特性，使之在封闭的制冷机系统中状态互变，使库内果品的温度下降，并维持恒定的低温条件，达到延缓果品衰老、延长贮藏寿命和保持品质的目的。

1．制冷系统

制冷系统是冷库最重要的设备，由蒸发器、压缩机、冷凝器和调节阀、风扇、导管和仪表等构成，制冷剂在密封系统中循环，并根据需要控制制冷剂供应量的大小和进入蒸发器的次数，以便获得冷库内适宜的低温条件。制冷系统的大小应根据冷库容量大小和所需制冷量选择，即蒸发器、压缩机和冷凝器等应与冷库所需排除的热量相匹配，以满足降温需要。

（1）蒸发器

蒸发器安装在冷库内，利用鼓风机将冷却的空气吹向库内各部位，大型冷藏库常用风道连接蒸发器，延长送风距离、扩大冷风在库内的分布范围，使库温下降更加均匀。制冷剂在蒸发器内气化时，温度将达到0°C以下，与库内湿空气接触，使之达到饱和，在蒸发器外壁凝成冰霜，而冰霜层不利于热的传导，影响降温效果。因此，在冷藏管理工作中，必须及时除去冰霜，即所谓“冲霜”。冲霜可以用冷水喷淋蒸发器，也可以利用吸热后的制冷剂引入蒸发器外盘管中循环流动，使冰霜融化。

（2）压缩机

压缩机是冷冻机的主体部分，是制冷系统的重要部分，推动制冷剂在系统中循环，一般中型冷库压缩机的制冷量在3000～5000kcal/h范围内，设计人员将根据冷库容量和产品数量等具体条件进行选择。压缩机在制冷系统中起着压缩和运送制冷剂的作用。压缩机通过活塞运动吸进来自蒸发器的气态制冷剂，并将之压缩，使之处于高压状态，进入到冷凝器里。

（3）冷凝器

冷凝器主要是把来自压缩机的制冷剂蒸气，通过冷却水或空气，带走蒸气的热量，使之重新液化。冷凝器的作用就是排除压缩后的气态制冷剂中的热，使其凝结为液态制冷剂。冷凝器有空气冷却，水冷却和空气与水结合的冷却方式。空气冷却只限于在小型冷库设备中应用，水冷却的冷凝器则可用于所有形式的制冷系统。制冷机组的制冷量可根据对库内温度的监测，采用人工或自动控制系统启动或停止制冷运转，以维持贮藏果品所需的适宜温度。目前有不少冷藏库安装了微机系统以监测和记录库温变化。

（4）调节阀

调节阀又叫膨胀阀，装置在贮液器和蒸发器之间，用来调节进入蒸发器的制冷剂流量，同时起到降压作用。

2．制冷剂

在制冷系统中蒸发吸热的物质称为制冷剂。制冷剂要具备沸点低、冷凝点低、对金属无腐蚀作用、不易燃烧、不爆炸、无刺激性、无毒无味、易于检测、价格低廉等特点。

氨是利用较早的制冷剂，主要用于中等和较大能力的压缩冷冻机。作为制冷剂的氨，要质地纯净、含水量不超过0.2%。氨的潜热比其他制冷剂高，在0°C时的蒸发热是1260kJ/kg，而目前使用较多的二氯二氟甲烷的蒸发热是154.9kJ/kg。因此，用氨的设备较大、占地较多。并且氨是有毒的，若空气中含有5%（体积分数）时，人在其中停留30min就会引起严重中毒，甚至会有生命危险。若空气中含量超过16%时，会发生爆炸性燃烧。氨对钢及其合金有腐蚀作用。

氟利昂是几种氟氯代甲烷和氟氯代乙烷的总称。在常温下都是无色气体或易挥发液体，略有香味，低毒，化学性质稳定，其中最重要的是二氯二氟甲烷。二氯二氟甲烷在常温常压下为无色气体，稍溶于水，易溶于乙醇、乙醚，与酸、碱不反应。二氯二氟甲烷可由四氯化碳与无水氟化氢在催化剂存在下反应制得，反应产物主要是二氯二氟甲烷、三氯氟甲烷和氯三氟甲烷，可通过分馏将二氯二氟甲烷分离出来。其中以二氯二氟甲烷的应用较广，氟利昂主要用做制冷剂。

由于氟利昂可能破坏大气臭氧层，故已限制使用。目前地球上已出现很多臭氧层漏洞，有些漏洞已超过非洲面积，其中很大的原因是因为氟利昂等化学物质的应用。许多国家在生产制冷设备时已采用了氟利昂的代用品，如溴化锂等制冷剂，以减少对大气臭氧层的破坏，维护人类生存的良好环境。我国也已生产出非氟利昂制冷的家用冰箱小型制冷设备。

3．冷却方式

机械冷藏库内冷却系统一般可分为直接蒸发冷却、盐水冷却和鼓风冷却 3 种。

（1）直接蒸发冷却

把制冷剂通过蒸发器直接装置于冷库中，借制冷剂的蒸发将库内空气冷却。蒸发器用蛇形管组成，装成壁管或天棚管均可。直接蒸发冷却系统的优点是冷却迅速、降温低，缺点是直接蒸发后在蒸发器上不断结霜，要经常“冲霜”，不然将会影响蒸发器的冷却效果，而且不断地降低库内湿度，使冷藏库内湿度比较小，同时库内温度不均匀，接近蒸发器处温度较低，远处则较高。此外，如制冷剂在蒸发管或阀门处泄漏，会在库内累积而危害果品。

（2）盐水冷却

蒸发器不是直接安装在冷库内，而是将其冷却管道安装在盐水池内，盐水冷却之后，再输入安装在冷库内的冷却管道。盐水冷却管安装靠墙壁，通过不断循环而降低库内温度。使用 20%食盐水溶液，可降到-16.5℃，如用 20%的氯化钙溶液则可降至-23℃。食盐和氯化钙溶液对金属都有腐蚀作用。盐水冷却系统可避免有毒及有臭味的制冷剂在库内泄漏而损害贮藏的果品和管理人员。其缺点是由于有中间介质盐水的存在，必须要求制冷剂在较低的温度下蒸发，这样既增加了压缩机的负荷，而且增添了盐水泵，加大了耗电量。

（3）鼓风冷却系统

冷冻机的蒸发器或者盐水冷却管放在室内，借助鼓风机的作用，将库内的空气抽进空气冷却器内而降温，将已冷却的空气通过鼓风机吹入送风管送入冷库内，如此循环不已而降库温。

鼓风冷却系统在库内造成空气对流循环，冷却迅速，库内温、湿度较为均匀一致，并能在空气冷却中调节空气湿度。因为如不注意空气湿度的调节，则这种冷却方式会加快果品的水分蒸发。

（三）机械冷库的设计

冷藏库的建设应注意库址的选择、冷库的容量和形式、冷库保温材料的选择、库房及附属建筑的布局等问题，在设计时都应有比较全面的考虑研究。

1．冷库库址的选择与准备

按使用性质，冷库可分为分配性冷库、零售性冷库、生产性冷库 3 类。生产性冷库建于货源较集中的产区，还要考虑交通便利、与市场联系等因素。冷库以建在没有阳光照射和热风频繁的阴凉处为佳，小型冷库最好建造在室内。冷库四周应有良好的排水条件，地下水位要低，冷库底下最好有隔层，且保持通风良好、保持干燥对冷库很重要。另外在冷库建造之前，应按照冷冻机的功率事先架设好相应容量的三相电，若冷库是属水冷的，应铺设好自来水管，建造好冷却水塔。

2．冷库库房容量的确定

冷库大小要根据常年要贮藏农产品的最高量来设计。表 4-1 是机械冷库的分类和容量。在设计时，首先要考虑贮藏库的容量，即单位体积所能贮藏果品的数量，再加上行间过道、堆与墙壁、天花板之间的空间以及包装间的空隙等计算出来。确定冷库容量之后，再确定冷库的长度与高度。设计冷藏库时，也要考虑其他必要的附属设施，如预冷间、加工间、休息间、工具存放间和装卸台等。

表 4-1　机械冷库的大小分类

规模类型	大型	大中型	中小型	小型
容量/t	>10000	5000～10000	1000～5000	<1000

3．冷库保温材料的选择与铺设

冷库保温材料的选用必须因地制宜，既要有良好的隔热性能，又要经济实用，因此选择适宜的隔热材料是十分重要的。应选择隔热性能好（导热系数小）的材料，其具有以下特点：造价低廉、质量轻、不吸湿、抗腐蚀力强、不霉烂、耐火、耐冻、便于使用、无异味、无毒性、防虫和防鼠蛀食等。

冷库隔热材料的类型，一种是加工成固定形状及规格的板块，有固定的长度、宽度和厚度，可根据库体安装的需要选择相应规格的库板，高、中温冷库一般选用 10cm 厚的库板，低温冷库及冻结冷库般选用 12cm 或 15cm 厚的库板；另一种冷库可以用聚氨酯喷涂发泡，把材料直接喷到待建冷库的砖或混凝土仓库中，定形后既防潮又隔热。隔热材料有聚氨酯、聚苯酯等。聚氨酯不吸水，隔热性较好，但成本较高；聚苯脂吸水性强，隔热性较差，但成本较低。现代冷库的结构正向装配式冷库发展，制成包括防潮层和隔热层的冷库构件，做到现场组装，其优点是施工方便、快速，且可移动，但造价比较高。

4．冷库的地面

果品冷藏库的一般温度保持在 0～-1℃之间，而地温经常保持在 10～15℃之间，在这种情况下就有一定的热量由地面不断吸入到冷藏库中来，从而增加冷凝系统的热负荷。为了减小这种热负荷，通常采用 5cm 厚的软木板的绝热层。地面要有一定的强度以承受堆积产品和搬运车辆的压力。采用软木板做隔热材料时，其上下须敷设 7～8cm 厚度的水泥地面和地基，地基下层放煤渣或石子以利排水。

5．冷库冷却系统的选择

冷库冷却系统的选择主要是冷库压缩机与蒸发器的选用。一般情况下，小型冷库选用全封闭压缩机为主。因全封闭压缩机功率小，价格相对便宜；中型冷库一般选用半封闭压缩机为主；大型冷库选用半封闭压缩机，可考虑选用氨制冷压缩机，因为氨制冷压缩机功率大，并可一机多用，但冷库安装及管理比较麻烦。在蒸发器的选用方面，高温冷库以选用冷风机为蒸发器，其特点是降温速度快，但易造成冷藏品的水分损耗；中、低温冷库选用无缝钢管制作的蒸发排管为主，其特点是恒温效果好，并能适时蓄冷。

（四）机械冷库的管理

1．温度

冷藏库温度管理的原则是适宜、稳定、均匀及产品进出库时的合理升降温，温度的监控可采用自动化系统实施。由于果品的种类和品种不同，对贮藏环境的温度要求也不同。贮藏环境温度的高低对果品的影响是非常重要的，温度太高也会使病原微生物活动加强引起果品腐烂，因此果品产品要尽快降温，达到适宜的贮藏温度。冷藏库内的温度要求尽量避免波动、分布均匀，不要有过冷或过热的死角，使局部果品产品受害，因此要注意空气对流。为了了解和掌握库内不同部位温度变化情况，要在库内不同的位置安放温度表，以便观察和记录冷藏库内各部分温度的情况。

冷藏库的温度是靠制冷剂在蒸发密闭循环系统中的流量和气化速率来控制的，通常是在膨胀阀上安装上一个恒温器，感温管则安置在蒸发器上，根据其温度的变化而操纵膨胀阀以调节制冷剂的流量。在制冷系统运行期间，湿空气与蒸发管接触时，水分在蒸发管上凝结成霜，形成隔热层，阻碍热交换，影响制冷效果。应注意除霜问题，必须及时冲霜。

2．相对湿度

对绝大多数新鲜果品来说，相对湿度应控制在 90%～95%，较高的湿度条件对于控制果品的水分蒸腾、保持新鲜十分重要。由于冷藏库内蒸发器经常不断地结霜，冰霜不断地融化冲走，致使冷藏库内湿度不断降低，常低于贮藏果品对湿度的要求。解决这个问题的根本在于设计时要有较大的蒸发器面积，使蒸发面温度的差别缩小（不超过 2°C），从而减少结霜，当果品产品温度已降到贮藏温度时，出口风温度要低于进口风温度 1°C，并采用微风速。此外，还可安装喷雾设备或自动湿度调节器。一些冷藏库会出现相对湿度较高的情况，这主要是由于冷藏库管理不善，果品产品出入频繁，以致库外含有较高的绝对湿度的暖空气进入库房，在较低温度下形成较高的相对湿度，解决这一问题的方法在于加强管理。

3．通风换气

冷藏库在设计时，必须要有通风设备。冷藏库内果品通过呼吸作用，放出二氧化碳和其他有害气体如乙烯，乙烯在库内累积到一定浓度后，即促进果品的成熟衰老，以致败坏。二氧化碳浓度过高会引起生理失调和品质变劣，因此必须进行通风换气，以降低库内产品新陈代谢产生的乙烯、二氧化碳等废气的浓度。通风换气应在库内外温差最小时段进行，每次 1h 左右，每间隔数日进行 1 次，在通风换气的同时开动制冷机以减缓库内温、湿度的升高。

4．库房及用具的消毒和防虫防鼠

冷藏库被有害菌类污染是引起果品腐烂的重要原因。因此，冷藏库在使用前需要进行全面的消毒，以防止果品腐烂变质。常用的消毒方法有以下4种：

（1）过氧乙酸消毒。将20%的过氧乙酸按库容用5～l0mL/m^3的比例，放于容器内在电炉上加热促使其挥发熏蒸，或按以上比例配成1%的水溶液全面喷雾。因过氧乙酸有腐蚀性，使用时应注意对器械、冷风机和人体的防护。

（2）漂白粉消毒。将含有效氯25%～30%的漂白粉配成10%的溶液，用上清液按库容40mL/m^3，用后库房必须通风换气除味。

（3）甲醛消毒。按库容用 15mL/m^3 甲醛的比例，将甲醛放入适量高锰酸钾或生石灰中，稍加些水，待发生气体时，将库门密闭熏蒸6～12h。开库通风换气后方可使用库房。

（4）硫黄熏蒸消毒。用量为每立方米库容用硫黄 5～10g，加入适量锯末，置于陶瓷器皿中点燃，密闭熏蒸则24～48h后，彻底通风换气，库内所有用具用0.5%的漂白粉溶液或2%～5%硫酸铜溶液浸泡、刷洗、晾干后备用。

5．产品的入贮及堆放

堆放的总要求是“三离一隙”。“三离”指的是离墙、离地面、离天花板，“一隙”是指垛与垛之间及垛内要留有一定的空隙。

6．贮藏产品的检查

对于不耐贮的新鲜果品每间隔3～5d检查1次，耐贮性好的可间隔15天甚至更长时间检查1次。

四、气调贮藏

气调贮藏，就是调节气体成分贮藏，是当前国际上果品保鲜广为应用的现代化贮藏手段。气调贮藏是将果品贮藏在不同于普通空气的混合气体中，其中氧气含量较低、二氧化碳含量较高，有利于抑制果品的呼吸代谢，从而保持新鲜品质、延长贮藏寿命。气调贮藏是在冷藏的基础上加以改进的措施，包括冷藏和气调的双重作用。果品气调库用于商业贮藏在国外已有近70年的发展史，在一些发达国家已基本普及，如美国气调贮藏的果品高达75%、法国约40%、英国约30%。我国的果品气调贮藏技术起步较晚，在商业上应用仅是近几年的事情，随着全球经济一体化和我国国民经济的发展，人们对果品保鲜的质量要求将会越来越高，果品气调贮藏必然会在我国有更快的发展。

（一）气调库的概述

气调库是在冷库的基础上逐步发展起来的，一方面与果品冷库有许多相似之处，另一方面又与果品冷库有较大的区别，气调库的主要特点如下：

1．气调库容积

我国的气调库容量以30～100t为一个开间的居多，一个建库单元最少2间，最多不超过10间。而在欧美国家，气调库贮藏室的贮量单间通常在50～200t之间。

2．气调库的气密性

这是气调库建筑结构区别于普通果品冷库的一个最重要的特点。气密性对于气调库来说至关重要，因为必须在气调库内形成要求的气体成分，并在果品贮藏期间较长时间地维持设定的指标，减免库内外的气体交换，所以气调库必须具有良好的气密性。

3．气调库的安全性

在气调库的建筑设计中还必须考虑气调库的安全性。这是由于气调库是一种密闭式冷库，当库内温度升降时，其气体压力也随之变化，常使库内外形成气压差。所以，每间库房还应安装1个气压平衡安全阀。

4．气调库多为单层建筑

一般冷库根据实际情况，可以建成单层或多层建筑物，但对于气调库来说，几乎都是建成单层地面建筑物。这是因为果品在库内运输、堆码和贮藏时，地面要承受很大的荷载，如果采用多层建筑，一方面气密处理比较复杂，另一方面在气调库使用过程中容易造成气密层破坏。

5．利用空间大

气调库的有效利用空间大，这是气调库建筑设计和运行管理上的一个特点。

6．快进快出

气调贮藏要求果品入库速度快，尽快装满、封库并调气，让果品在尽可能短的时间内进入气调状态。平时管理中也不能像普通冷库那样随便进出货物，否则库内的气体成分就会经常变动，从而减弱或失去气调贮藏的作用。

7．制冷设备的特点

气调库的制冷设备大多采用活塞式单级压缩制冷系统，以氨或氟利昂做制冷剂，库内的冷却方式可以是制冷剂直接蒸发冷却，也可采用中间载冷剂的间接冷却，后者用于气调库比前者效果理想。因为中间载冷剂更便于控制供给冷风机的液体温度，仅需在供液管道上装一个回流的行程控制三通阀，就能满足同时实现不同库房内不同温度的要求。

（二）气调贮藏的基本原理

气调贮藏是以改变贮藏环境中的气体成分，通常是以增加二氧化碳浓度和降低氧气浓度来实现长期贮藏新鲜果品的一种方式。在密封库中，采用生物降氧或人工气调改变正常大气中的氮、二氧化碳和氧的比例。实验证明，当氧气浓度降到2%左右，或二氧化碳浓度增加到40%以上时，真菌受到抑制，害虫也很快死亡，并能较好地保持粮食品质。目前，气调贮藏技术有以下3种。

1．气密贮藏。包括自然缺氧、微生物降氧、脱氧剂贮藏等。

2．氮气贮藏。包括充氮贮藏、液氮贮藏、分子筛富氮、制氮机贮藏等。

3．二氧化碳贮藏。包括排气净化法、充二氧化碳法、吸附密着包装、二氧化碳化学发生器贮藏等。

上述气调贮藏技术可归纳为生物降氧和人工气调 2 大类，二者各有不同的理论根据，生物降氧是通过生物体的自行呼吸，将塑料薄膜密闭帐幕或气密库粮粒孔隙中的氧气消耗殆尽，并相应积累了高的二氧化碳，这是以生物学因素为理论根据的。人工气调则是应用一些机械设备，如燃烧炉、制氮机，燃料可以用木炭、液化石油气、煤油等亦可用分子筛或真空杲，先抽真空再充入氮气或二氧化碳气体。这些应用催化高温燃料、变压吸附、充入或置换等方法借以改变果品原有的气体成分，使大气达到含有高浓度的氮、二氧化碳或其他气体，因此这是以人工气调为依据的。

（三）气调冷库的设计

1．气调库制冷设备

气调库的制冷设备大多采用活塞式单级压缩制冷系统，以氨或氟利昂做制冷剂，库内的冷却方式可以是制冷剂直接蒸发冷却，也可采用中间载冷剂的间接冷却，后者用于气调库比前者效果理想。因为中间载冷剂更便于控制供给冷风机的液体温度，仅需在供液管道上装一个回流的行程控制三通阀，就能满足同时实现不同库房内不同温度的要求。为了减少库内所贮物品的干耗，性能良好的气调库要求传热温差为 2～3℃，也就是说气调库蒸发温度和贮藏要求温度的差值为 2℃～3℃，这要比普通冷库小得多。只有控制并达到蒸发温度和贮藏温度之间的较小差值，才能减少蒸发器的结霜，维持库内要求的较高相对湿度。所以，在气调库设计中，相同条件下，通常选用冷风机的传热面积都比普通果品冷库冷风机的传热面积大，即气调库冷风机设计上采用的所谓“大蒸发面积低传热温差”方案。

2．气调库的温度和湿度测控

（1）温度测试和控制仪器

气调库内给定某一果品一个适宜的贮藏温度后，温度的波动范围越小越好。但在生产实践中，由于受到冷库设计、送风道设计安装、制冷机工作特性及控制器件精度等多方面的限制，我国现阶段，对于贮藏期长且对温度要求严格的果品，通常能够达到设定温度±0.3℃ 的温度波动范围，即认为是温度控制较为理想。目前测定温度的仪器并不缺乏，气象专用型水银温度计的读数分划值可精确到 0.1℃，在气调库内使用时，可通过红外摄像头把温度计上的读数影像通过线路传送到观察控制室内。在氟利昂制冷系统中，多数采用控测温装置，使制冷机实现自动开启和停机。目前的温度传感器及控制技术也比较成熟，达到控制设定温度±0.3℃ 的标准是比较容易的。

（2）湿度测量装置

气调库内相对湿度的准确测定，迄今仍是一个难题。这主要是由于气调库一直处在低温高湿状态，用普通的干湿球温度计测定相对湿度比较困难。例如，当库内温度在 0～2℃，相对湿度在 90%以上时，干球温度和湿球温度的差值小于 0.6℃，这么小的差值，在干湿球温度计中较难反映出来。毛发湿度计在使用中需经常干燥和浸润，若将其长期置于库内不能拿出，在高湿气体的作用下，毛发会过度延伸，检测误差很大，气调库很少采用。现在常见的质量稳定的电容式相对湿度传感器在80%左右的相对湿度下，测定的精度可达±2%，但当相对湿度升高至 90%以上时，其测定精度显著下降，误差可达±5%以上。鉴于湿度检测仪的现状，气调库相对湿度的控制和调节，在很大程度上仍要靠管理人员的经验加以调控制。

3．气调库的气调设备

气调设备主要包括制氮设备、二氧化碳脱除设备、乙烯脱除设备和加湿设备，其中制氮设备利用率最高，所以显得更为重要。

（1）制氮机

我国目前在气调库上采用的制氮机主要有 2 大类型：吸附分离式的碳分子筛制氮机和膜分离式的中空纤维膜制氮机。碳分子筛制氮机与中空纤维膜制氮机比较，前者具有价格较低、配套设备投资较小、单位产气能耗较低、更换吸附剂比更换膜组件便宜、兼有脱除乙烯功能等优点，而工艺流程相对复杂、占地面积较大、噪声也较大。运转稳定性不及中空纤维膜制氮机是碳分子筛制氮机的相对弱势。

（2）二氧化碳脱除机

二氧化碳脱除装置分间断式（通常称的单罐机）和连续式（通常称的双罐机）2种。库内二氧化碳浓度较高的气体被抽到吸附装置中，经活性炭吸附二氧化碳后，再将吸附后的低二氧化碳浓度气体送回库房，达到脱除二氧化碳的目的。活性炭吸附二氧化碳的量是温度的函数，并与二氧化碳的浓度成正比。通常以0℃ 条件下3%的二氧化碳浓度为标准，用其在24h 内的吸附量作为主要经济技术指标。当工作一段时间后，活性炭因吸附二氧化碳即达到饱和状态，再不能吸附二氧化碳，这时另外一套循环系统启动，将新鲜空气吸入，使被吸附的二氧化碳脱附，并随空气排入大气，如此吸附、脱附交替进行，即可达到脱除库内多余二氧化碳的目的。

二氧化碳脱除机再生后的空气中含有大量的二氧化碳，因此必须排至室外。进出气调库的进气和回气管道必须向库体方向稍微倾斜，以免冷凝水流到脱除机内，造成活性炭失效。机房内应避免汽油、液化气等挥发性物质，保持温度1～40℃。

（3）乙烯脱除机

目前被广泛用来脱除乙烯的方法主要有 2 种：高锰酸钾氧化法和高温催化分解法。前一方法是用饱和高锰酸钾水溶液（通常使用浓度为 5%～8%）浸湿多孔材料（如膨胀珍珠岩、膨胀蛭石、氧化铝、分子筛、碎砖块、泡沫混凝土等），然后将此载体放入库内、包装箱内或闭路循环系统中，利用高锰酸钾的强氧化性将乙烯氧化脱除。这种方法脱除乙烯虽然简单，但脱除效率低，一般用于小型或简易贮藏。

在空气氧化法除乙烯装置中，其核心部分是特殊催化剂和变温场电热装置。所用的催化剂为含有氧化钙、氧化钡、氧化锶的特殊活性银。这种乙烯脱除装置一般采用闭环系统，空气氧化法除乙烯装置与高锰酸钾氧化法除乙烯装置比较，前者投资费用要高得多，但脱除乙烯的效率很高。有资料介绍，通过空气氧化法除乙烯装置可将猕猴桃库内的乙烯降低到 0.02mg/L 以下，同时这种装置还兼有脱除其他挥发性有害气体和消毒杀菌的作用。

（四）气调库的管理

所谓贮藏期间的管理主要是指在整个贮藏过程中调节控制好库内的温度、相对湿度、气体成分和乙烯含量，并做好果品的质量监测工作。

1. 气调库环境条件管理

（1）温度管理

温度对果品贮藏的影响是诸多因素中最重要的一个，也是其他因素所无法替代的。在入库前 7～10d 即应开机梯度降温，至鲜果入贮之前使库温稳定保持在 0℃ 左右，为贮藏做好准备。果品在入库前应先预冷，以散去田间热。入贮封库后的 2～3d 内应将库温降至最佳贮温范围之内，并始终保持这一温度，避免产生温度波动。

（2）相对湿度管理

为了延缓产品由于失水而造成的变软和萎蔫，除核果、干果等少数品种外，大部分易腐果品产品贮藏的相对湿度以保持在 85%～95%为好。要想保持气调库中适当的相对湿度，必须有良好的隔热层，以避免渗漏。同时换热器（冷风机）必须有足够的冷却面积，使蒸发器与产品之间的温差尽可能缩小。因此，只有在机械制冷的精确控制之下，才能保持较高的相对湿度。气调库保持湿度的方法之一是采用夹套库或薄膜大帐，这种结构和成本比普通库要高，操作也比较麻烦，但在商业上仍是一个良好的保湿途径。另外，塑料薄膜小包装或在库内加水增湿也不乏用处。气调贮藏增湿的另一个方法是设置加湿器，可利用超声波加湿器，加湿器利用高频振荡原理将水雾化，然后送入库内增加空气湿度。相对湿度管理的重点是管好加湿器及其监测系统。贮藏实践表明，加湿器以在入贮 1 周之后打开为宜，开动过早会增加鲜果的霉烂数量，启动过晚则会导致果品失水，影响贮藏效果。开启程度和每天开机时间的长短则视监测结果而定，一般以保证鲜果没有明显的失水同时又不致引起染菌发霉为宜。

（3）气体成分管理

主要指对果品后熟影响最大的氧气和二氧化碳。果品后熟进程的快慢，与贮藏环境的气体成分关系很大，这一过程不仅受乙烯浓度高低的影响，而且受氧气和二氧化碳分压的左右。低氧气和高二氧化碳都能有效地抑制果品的后熟作用，采用气调装置或减压技术降低贮藏环境中的氧气分压，可以延缓组织的衰老、相对提高果肉硬度和含酸量，并在解除气调状态后仍有一段时间的滞后效应。高二氧化碳处理对果品的后熟具有多种效应，可降低呼吸代谢、延缓后熟进程、减少病害发生、增加贮藏寿命。当在气调环境中氧气分压急剧下降和二氧化碳分压上升时，微生物就难于正常生长和繁殖。因此，气调贮藏可明显地抑制有害微生物的繁衍，减少微生物所造成的损失。

气体成分管理的重点是库内氧气和二氧化碳含量的控制。当果品入库结束、库温基本稳定之后，即应迅速降氧气，当库内氧气降至5%时，再利用水果自身的呼吸作用继续降低库内氧气含量，同时提高二氧化碳浓度，直到达到适宜的氧气、二氧化碳比例，这一过程约需10h左右的时间，而后即靠二氧化碳脱除器和补氧气的办法，使库内氧气和二氧化碳稳定在适宜范围之内，直到贮藏结束。

（4）预冷

预冷是将刚采收的果品产品在运输和贮藏之前迅速除去田间热和降低果品温度的过程。及时适宜的预冷不仅可以最大限度地保持果品产品的品质，而且可减少腐烂损失，同时可抑制酶的活性，减少失水和乙烯释放量，抑制多种腐败微生物的生长。为了保持果品的新鲜度、货架期和贮藏寿命，预冷最好在产地进行，特别是对那些娇嫩易腐的产品，及时预冷就显得更为重要。

预冷可分为自然降温预冷、水冷却预冷、真空降温预冷、强制通风预冷、冷空气预冷和加冰预冷等多种方式，目前国内用最多的是自然降温预冷和冷库强制通风预冷，前者利用自然冷源预冷。成本低廉、操作方便，但预冷速度慢、效果较差；后者预冷效果好，但需消耗能源。二者结合起来预冷，在充分利用昼夜温差等自然冷源的基础上再人为地强制通风降温，不失为一条良好的预冷途径。

（5）入库品种、数量和质量

只有优质的产品才适于气调长期贮藏，所以要尽量避免产品的破损、擦伤、腐烂和变质。用于气调贮藏的产品还必须适期采收，产品成熟不足或过熟不仅影响产量，更影响质量，同样会减少贮藏寿命。水果的贮藏寿命也因品种、气候、土壤条件、栽培措施、成熟度和贮藏前的处理方法而异。凡是那些在不良条件下生长或远距离运输的产品，贮藏寿命都会缩短。

果品质量监测对贮藏质量极为重要，果品从入库到出库要始终处于人工监控之下，定期对鲜果的外部感官性状、失重、果肉硬度、可溶性固形物含量、染菌霉变等项指标进行测试，并随时对测定结果进行分析，以指导下一步的贮藏。在同一间贮藏室内应入贮相同品种、相同成熟度的果品。如果一个品种不能充满贮藏室，要以其他品种补足时，也应贮入相同采收期和对贮藏条件有相同要求的品种。决不允许将不同种类、不同品种的果品混放在同一间贮藏室内，以免释放的乙烯及其他有害气体相互影响贮藏果品的品质。

果品入库时不宜一次装载完毕，因果品释放的田间热和呼吸热，加上冷库门长时间开放引入外界的大量热量会使库温升高并使库温在很长时间降不下来，从而影响贮藏效果。因此要求分批入库，每次入库量不应超过库容总量的20%，库温上升不应超过3°C。对已经通过预冷处理的果品，可以酌情增加每次的入库数量。以苹果入库为例，如果贮藏室的温度达到7°C 时，即应停止入库，待温度降低后再继续入库。入库时机房应正常运转，送冷降温。

（6）堆码和气体循环

要使果品迅速降温，产品的堆码方式非常重要。堆码粗放无序，就会产生较大的阻力，妨碍气流循环，这时即使气调库的空气循环系统设计得再合理也无济于事。空气循环的基本原理是让空气沿着阻力最小的通道流动，若堆码不当，就会局部受阻，形成气流的死角，使温度上升。风道太宽也不好，因为这时气流就会短路，不利于散热降温。最好的堆码方式是使每个包装箱周围都有气流通过，这时冷却的速度才最快，但在商业性大型气调库内很难做到。

在建造气调库时，一般冷却器应安装在中央通道的上方，效果很好，空气可以从库中心向墙壁、向下和在产品行间循环，再回到库房中心，使之均匀降温。要达到均匀降温的目的，在果品与墙壁和果品与地坪间须留出 20～30cm 的空气通道，在果品产品与库顶之间所留空间一般应在 50mm 以上。此外，在果品产品的垛与垛之间也应留出一定的间隙，以利通风降温。一般在空库情况下，每小时的换气量应达到 7 次左右，以利保持库内温度均衡。

贮藏箱堆码时，要求整齐、规格化。垛的大小要适宜，过大会影响通风，造成库内温度不均匀；垛太小将降低容量，提高贮藏成本。垛与库壁至少应相距20mm。垛高不能超过冷风机的出风下口。垛与垛之间要留有间距20～30cm，堆垛的行向应与空气流通方向一致。如果库房体积不大，也可以不分垛。每垛当中，箱与箱之间要留有1.5～2cm 宽的间隙。库内还应留有适当宽度的通道，以利工作人员和载重车出入。堆码时要离开蒸发器2m，因蒸发器附近的温度过低，时常会产生低温伤害。堆码时除留出必要的通风和通道之外，还应尽可能地将库内装满以减少库内气体的自由空间，从而加快气调速度、缩短气调时间，使果品在尽可能短的时间内进入气调贮藏状态。

（7）封库前应做的工作

1）给水封安全阀注水，将安全阀的水封柱高调节到 245Pa 是较为合适的。

2）校正好遥测温度、湿度以及气体成分分析的仪器。

3）检查照明设备。

4）给所有进出库房的水管道（如冲霜、加湿、溢流排水等）的水封注水。

2．设备管理

在果品入库之前和贮藏过程中必须经常对所有设备进行全面检查和试车，以掌握设备运行状况，保证气调库正常运转。

（1）制冷设备

包括制冷机、冷却塔、水栗、循环水池、出入库管道等都应定期检查和维修，如润滑系统、压力表、感测温元件、压力继电器、电控元件、冷却水系统等都须经常检查，并使之处于完好状态。

（2）气调设备

包括气体调节系统、气体监控系统和加湿系统的所有设备、管道、电机、阀门、过滤器、压力表等都应经常检查维修，保证各部件清洁、灵敏、完好。

（3）管道

应对所有设备与库体之间连接的管道、接头的泄漏情况，隔热管道的保温情况，阀门阀杆，上下水管，压力平衡管等进行检查，使之密封良好、内部畅通无阻、管件开关灵活。

（4）试车

在完成上述检查、检修之后，即应开机进行联动试车，待确认各系统皆能正常运转后，即可将其保持在准运行状态，以便随时开机运行。

（5）设备的维修和保养

操作人员应严格按照产品使用说明书进行操作，并应指定经过专门培训的技工进行操作，做好工作记录。制冷设备、气调设备及其他设备能否处于完好的运转状态，主要取决于能否正确合理地进行操作管理与正常的维护检修 2 个方面的工作。制冷设备、气调设备经过一定时间的运行后，各运动部件与摩擦件都会出现相应的磨损或疲劳，有的间隙增大、有的丧失工作能力；静止的设备亦含因腐蚀、振动、结垢等因素而影响正常工作。检修的目的就是对制冷设备、气调设备的部件进行拆卸清洗和测量检查，观察部件的磨损或损坏的情况，用修理或更换零部件的办法恢复零部件的运转工作性能，以保证制冷设备、气调设备的正常运行。

五、减压贮藏

减压贮藏又叫低压换气贮藏、低压贮藏，是将果品放在一个密闭容器内，用真空泵抽气降低压力的一种贮藏方法，是果品以及其他许多食品保藏的又一个技术创新，也是气调冷藏的进一步发展。根据果品特性和贮藏温度，压力可降至 1.33～10.64kPa 不等。新鲜空气经过压力调节器和加湿器不断引入贮藏容器，每小时更换 1～4 次，并使内部压力一直保持稳定的低压，用以除去各种有害气体。这种方法效果很好，但其最大的缺点是制造耐压容器投资太大，目前仍处于试验阶段。减压贮藏是把贮藏场所的气压降低，造成一定的真空度，一般降至 1.01325×10^4Pa 甚至更低。这种减压条件可使果品的贮藏期比常规冷藏延长几倍。

（一）概述

减压保鲜技术源于 20 世纪 60 年代，美国迈阿密大学教授 Stanley Burg 博士对低气压贮藏方法的初期探索。70 年代在 Burg 的倡导下，低气压贮藏方法逐步迈向了被广泛研究的道路。同时，德国、以色列以及美国的科学家们为低压贮藏技术做出了重要贡献，先后在白条猪肉、牛肉、虾、草莓、木瓜、柠檬、甜瓜等肉类及果品上获得了显著的贮藏效果。因此，低气压贮藏曾引起美国、英国、日本等发达国家的普遍关注。但限于当时的制造水平，几十年来，在这项技术的推广和实施过程中始终没有解决昂贵的罐体容器造价问题，还停留在实验室阶段，无法形成大规模的减压保鲜。1975 年起，美国开始有供商业用的减压贮藏设备。1991 年我国科技人员通过多年的研究获得了关键性的减压贮藏罐壁生产的突破，1997 年在包头建成了第 1 座减压保鲜库。这被认为是保鲜史上的第三次革命，将在易腐难贮果品上发挥巨大作用。

（二）原理

减压贮藏的原理是，降低气压后，空气的各种气体组分的分压都相应低。例如气压降至正常的 1/10，空气中的氧气、二氧化碳、乙烯等的分压也都会降至原来的 1/10。这时空气各组分的相对比例并未改变，但它们的绝对含量则降为原来的 1/10，氧气的含量只相当于正常气压下的 2.1%。所以减压贮藏也能创造一个低氧气条件，从而起到类似气调贮藏的作用。

减压处理能促进植物组织内气体成分向外扩散，这是减压贮藏更重要的作用。植物组织内气体向外扩散的速度，与该气体在组织内外的分压差及其扩散系数成正比；扩散系数又与外部的压力成反比。所以减压处理能够大大加速组织内乙烯向外扩散，减少内源乙烯的含量。在减压条件下，植物组织中其他种种挥发性代谢产物如乙醛、乙醇、芳香物质等也都加速向外扩散。这些作用对防止果品组织完熟衰老都是极度有利的，并且一般是减压程度越低作用越明显。减压贮藏不仅可以延缓完熟，还有保持绿色、防止组织软化、减轻冷害和一些贮藏生理病害的效应。有学者认为，一些果品的冷害与在冷害温度下组织中积累乙醛、乙醇等有毒挥发物有关，减压贮藏可从组织中排除这些物质，所以可减轻冷害。经减压贮藏的果品，在解除低压后，完熟过程仍缓慢得多，因此需延长零售期。这使乙烯的合成及其作用不能很快就恢复过来。减压贮藏的一个重要问题是，在减压条件下组织易蒸散干萎，因此必须保持很高的空气湿度，一般须在 95%以上。而湿度很高又会加重微生物病害，所以减压贮藏最好要配合应用消毒防腐剂。另一个问题是刚从减压贮藏中取出的产品风味不好，但在放置一段时间后可以恢复。

减压处理基本上有 2 种方式：静止式（定期抽气式）和气流式（连续抽气式）。静止式是将贮藏容器抽气达到要求真空度后便停止抽气，以后适时补氧气和抽空以维持规定的低压。这种方式虽可促进果品组织内乙烯等气体向外扩散，却不能使容器内的这些气体不断向外排除。气流式是在整个装置的一端用抽气泵连续不停地抽气排空，另一端不断输入新鲜空气，进入减压室的空气经过加湿槽以提高室内的相对湿度。减压程度由真空调节器控制，气流速度同时由气体流量计控制，并保持每小时更换减压室容积的1～4倍，使果品产品始终处在恒定低压低温的新鲜湿润气流之中。

（三）特点

在减压条件下，气体扩散速度很大，因此果品产品可以在贮藏室内密集堆积，室内各部仍能维持较均匀的温湿度和气体成分。由于整个系统在接近露点下运输，湿度很高，果品产品的新陈代谢又低，所以能长期保持良好的新鲜状态。

1．可达到低氧和超低氧效果

将果品置于密闭容器内，抽出容器内部分空气，使内部气压降到一定程度，空气中各种气体组分的分压都相应降低，氧气含量也相应降低。如把气压降至正常的1/10～1/20，虽然空气中各组分的相对比例并未改变，但它们的绝对含量则降为原来的1/10～1/20，此时二氧化碳的含量只相当于正常气压的1.1%～2.1%。所以，减压贮藏能创造出一个低氧气或超低氧气的条件，从而起到类似气调贮藏的作用，在超低氧气的条件下更易于气调贮藏。

2．可促进果品组织内挥发性气体向外扩散

减压贮藏可以促进果品组织挥发性气体向外扩散，这是减压贮藏明显优于冷藏和气调贮藏最重要的原因。减压处理能够大大加速组织内乙烯以及其他挥发性产物如乙醛、乙醇等向外扩散，因而可以减少由这些物质引起的衰老和生理病害。

3．消除二氧化碳中毒的可能性

气调贮藏时，提高二氧化碳含量的重要作用之一是使其成为乙烯作用竞争性抑制者，但又常会导致某些生理病害。减压条件下内源乙烯已极度减少，合成也受到抑制，似乎不再需要维持高二氧化碳含量来阻止乙烯的活动。另外，减压贮藏很易造成一个低二氧化碳的贮藏环境，并且可使产品组织内部的二氧化碳分压远低于正常空气中的水平，因而消除了二氧化碳中毒的可能性。

4．抑制微生物的生长发育

减压贮藏由于可造成超低氧条件，所以可抑制微生物的生长发育和孢子形成，由此减轻某些浸染性病害，并且可使无残毒高效杀菌气体由表及里、高强度地渗入果品组织内部，成功地解决了高湿与腐烂这一矛盾。因此，减压贮藏能够降低果品呼吸强度，并抑制乙烯的生物合成；低压可推迟叶绿素的分解，抑制类胡萝卜素和番茄红素的合成，减缓淀粉的水解、糖的增加和酸的消耗等过程，从而延缓果品的成熟和衰老；防止和减少各种贮藏生理病害，如乙醇中毒、虎皮病等，以保持新鲜的果品品质、硬度、色泽等。在相同的贮藏环境条件下，减压贮藏明显要比冷藏效果好。

5．降温降氧迅速

减压贮藏具有快速减压降温、快速降氧、快速脱除有害气体成分的特点，在减压条件下，果品的田间热、呼吸热等随真空泵的运行而被排出，造成降温迅速；由于真空条件下，空气的各种气体组分分压都会相应的迅速下降，故氧分压也迅速降低，克服了气调贮藏中降氧缓慢的不足；同时，由于减压造成果品组织内外产生压力差，以此压力差为动力，果品组织内的气体成分向外扩散，避免了有害气体对果品的毒害作用，延缓了果品的衰老。

6．贮量大、可多品种混放

由于减压贮藏换气频繁，气体扩散速度快，即使产品在贮藏室内密集堆放，室内各部分仍能维持较均匀的温湿度和气体成分，所以贮藏量较大；同时减压贮藏可尽快排出产品体内的有害物质，防止了产品之间相互促进衰老，并可多品种同放在一贮藏室内。

7．可随时出入库

由于减压贮藏操作灵活、使用方便，所要求的温湿度、气体浓度很容易达到，所以产品可随时出入库，避免了普通冷藏和气调贮藏产品易受出入库影响的不良后果。

8．延长货架期

由于减压贮藏除具有冷藏和类似气调贮藏的效果外，还有利于组织细胞中有害物质如乙烯、乙醇等挥发性气体的排出。经减压贮藏的产品，在解除低压后仍有后效，其后熟和衰老过程仍然缓慢，故延长产品货架期。

（四）存在的问题

1．建造费用高

由于减压贮藏库建筑比普通冷库和气调贮藏库要高，目前制约了这种方法在商业上的应用，因此需进一步研究在保证耐压的情况下降低建造费用。

2．产品易失水

库内换气频繁，产品易失水萎蔫，故减压贮藏中特别要注意湿度控制，最好在通入的气体中增设加湿装置。

3．产品香味易降低

减压贮藏后，产品芳香物质损失较大，很易失去原有的香气和风味。但有些产品在常压下放置一段时间后，风味可稍有恢复。

六、果品贮藏的其他辅助措施

（一）果品贮藏采前辅助措施

1．生长调节剂类

生长调节剂在果品现代栽培中已愈来愈广泛地被人们所重视。很多试验证明，果品采前合理地施用适宜浓度的生长调节剂，对提高果品品质、增强其采后的耐藏性与抗病性具有明显的作用。各类型的生长调节剂在不同果品品种上应用时，其施用浓度和时间及作用有所差异。

（1）2，4-D。应用果品种类为柑橘等。施用方法：10 月份用 500～1000mg/L 氯化钾喷树。作用：延缓采摘，防止果蒂腐烂，防止脱叶，延缓老化。

（2）生长素。适用于柑橘。施用方法：采前用 25mg/L 处理。作用：减少生理病害。

（3）赤霉素。适用于柑橘、柿子、山楂和葡萄。施用方法：采前 10～50d 用 10～50mg/L 喷树，葡萄在盛花期用 lmg/L 加 1000mg/L 矮壮素。作用：抑制成熟和衰老，防止柑橘水肿，防止葡萄裂果，提高坐果率。

（4）萘乙酸。适用于葡萄。施用方法：采前 3d 喷施 l00mg/L。作用：防止脱裂，提高耐藏性。

（5）增甘灵。适用于苹果、桃和梨。施用方法：采前 15d 叶面喷施 750mg/L。作用：提高含糖量，减少黑心病。

（6）青鲜素。适用于苹果。施用方法：采前 7～10d 叶面喷施 1000～3000mg/L。作用：提高硬度，防止发芽，延缓成熟。

（7）乙烯利。适用于水果。施用方法：采前 7d 喷施 250～1500mg/L。作用：促进成熟与着色。

2．防腐杀菌剂

果品在采收前施用防腐杀菌剂，不仅能够抑制其生长过程中的病害发生，而且能大大减少贮藏中的病害。特别是对于热带、亚热带的水果（如柑橘、香蕉、芒果），由于其适宜的贮藏温度较高，故而微生物浸染所引起的病害和腐烂是影响贮藏质量和贮藏寿命的主要原因。因此，采前施用杀菌剂一类的药物，减少带病害果品入贮，是降低贮藏期间果品腐烂率的有效措施。

（1）橘腐净。适用于柑橘类。处理方法：采前每隔 2 周叶面喷施共 2～3 次，1000～2000mg/L。作用：防腐。

（2）甲基托布津。适用于柑橘及多种果树等。处理方法：采前每隔 2 周叶面喷施（若在柑橘上应用需与 2，4-D 结合使用），一般可单独使用一种药剂，若将 2～3 种混合施用效果可提高。使用浓度为 500～1000mg/L。作用：防腐。

（3）多菌灵。适用于柑橘和多种果树等。处理方法与作用：与甲基托布津相同。

（4）特克多。适用于柑橘和多种果树等。处理方法：采前每隔 2 周叶面喷施 1000～2000mg/L。作用：防腐。

（5）乙膦铝。适用于荔枝。处理方法：80%药剂 300 倍液加穗毒霉锰锌 1000mg/L 和特克多 1000mg/L，采前每隔 10～15d 喷施 1 次。作用：可有效防腐杀菌。

（6）呋萎灵。适用于芒果等。处理方法：采前 10～15d 喷施 500～1000mg/L 加代森锰锌和多菌 1000mg/L。作用：防腐。

3．其他农业技术的应用

加强果园栽培管理，合理施肥和灌水，不仅能够增产丰收，为市场提供品质优良的果品产品，同时也为长期贮藏提供了保证。一般果品原料品质越高，其耐贮性和抗病性都明显增强，原料品质较低，则贮藏寿命大大降低。在果品栽培管理等农业技术中，影响果品贮藏的主要措施是施肥与灌水技术。

（1）施肥。施肥对果品（苹果、梨、桃、柑橘、香蕉、葡萄及热带和亚热带水果等）的品质及耐贮藏性的影响很大。一般用于长期贮藏的果品，在生产过程中，应尽量控制氮肥的施用量。特别是在中后期，应适当增加磷、钾、钙肥和硼、锰、锌、铁等复合肥，或在生长期采用叶面喷施技术，来提高果品的钙、硼、锰、磷、钾含量，降低氮/钙比等，平衡各元素与氮的关系，从而提高果品的耐藏性与抗病性（主要是抗生理病害）。而过多的施用氮肥往往会使果品抗性降低，缩短其贮藏寿命，严重时会增加腐烂损耗。因此，果品生产中强调要施用有机肥和复合肥。

（2）灌水。合理的灌溉是保证正常生长的有效措施，一般要求果品在采前7～10d停止灌水。否则会大大降低果品的贮藏性能，增大贮藏期间的腐烂和失水等损耗。

（二）果品贮藏采后辅助措施

1．尽量减少果品机械损伤

采收时用锋利的剪刀将果柄处剪成平滑的切口，使其切口尽快形成愈伤组织，并且要注意轻拿轻放，避免产生机械损伤。

2．注意包装物品消毒

在采收运输过程中还应注意所用包装物品的清洁卫生，装香蕉用的筐在使用之前应消毒，因为筐长年累月用于装香蕉产品，不可避免地会带有腐烂菌，如不消毒，就会在采运过程中传染健康香蕉，造成香蕉发病。

3．辐射处理

辐射效应是多方面的，可以干扰香蕉基础代谢、延缓成熟与衰老；影响香蕉的品质；抑制和杀死病菌及害虫。

4．磁场处理

香蕉在一个电磁线圈内通过，控制磁场强度和果品移动速度，使香蕉受到一定剂量的磁力线切割作用。磁场处理可增强香蕉的生活力和抗病能力。

5．高压电场处理

一个电极悬空，一个电极接地，两者间便形成不均匀电场。香蕉置电场内，接受间歇的或连续的或一次性的电场处理。具有杀菌和破坏乙烯的作用。

6．负离子处理

正离子对植物的生理活动起促进作用，负离子起抑制作用。因此，在香蕉贮藏中多用负离子空气处理，有延缓成熟衰老的作用。

第二节　刺梨果实采后贮藏

（一）常温贮藏

牟君富等早在 1981 年对刺梨鲜果的常温贮藏展开研究，将果实用聚乙烯薄膜袋封装后于常温库中贮藏（17.0～21.5°C，相对湿度 85%左右）。结果表明聚乙烯薄膜袋封装可以抑制刺梨果实呼吸强度，AsA 损失，但果实腐烂率和失重率较高，耐藏性差。随后在对刺梨鲜果干制贮藏的实验表明，经过熏硫处理聚乙烯膜封装的果实 AsA 含量稳定，贮藏期可达 1 年。

（二）机械冷藏

贮藏温度是影响果蔬品质的主要因素之一，影响着果实内部的生理生化反应。冷藏使果实内部的基因表达受到抑制，降低相关酶活性及代谢速率，从而起到保持果实品质延长货架期的目的。牟君富等曾对刺梨鲜果的贮藏开展过一系列系统研究，通过不同温度和包装材料的选择，表明在 0°C 条件下聚乙烯膜包装能够较好地保持果实品质。贮藏 60d 后，好果率与 AsA 保存率均在在 70%以上，且果实新鲜肉质嫩脆，与常温贮藏相比果实的贮藏时间被延长了 3 倍以上。

（三）气调贮藏技术

气调藏（Controlled Atmosp Here Storage）是通过对 JC 藏环境中温度、湿度、气体浓度等因素的调节来进行果蔬贮藏保鲜的方法，近些年来，该贮藏方法在我国的发展极为迅速，是目前应用普遍、先进且贮藏效果较好的果蔬保鲜方法之一。气调贮藏可分为自发气调贮藏（MA）和人工控制气调贮藏（CA）2 类，区别在于前者通过贮藏期间果蔬本身的呼吸作用实现对贮藏环境中气体成分的调整，而后者则是依靠机械设备人工强制对气体成分进行调控。总体而言，新鲜果蔬采后气调贮藏的适宜气体浓度范围大致 O_2：1～5%，二氧化碳：5～8%。对于同一气调贮藏条件，不同果蔬将会发生不同的生理反应，若果蔬未在适宜气调条件下贮藏，自身的无氧呼吸将会产生醇及醛类物质导致不良风味的产生。目前关于气调贮藏应用于刺梨果实还鲜有报道。

（四）涂膜保鲜技术

涂膜保鲜主要是将液态膜涂布于果蔬表面，干燥后形成一层均匀覆盖果蔬表面微孔的薄膜的一种保鲜技术。

薄膜作为屏障抑制果蔬与外界气体的交换、减少水分的蒸发、抑制呼吸强度、保持果实营养品质、减少由病原菌侵染而造成的损失，以及改善果蔬的外观，促进销售。目前广泛应用于果蔬的涂膜剂主要分为单一及复合涂膜剂，对涂膜剂要求为稳定无毒、无明显异味。吴惠芳等利用 JA 涂膜剂处理刺梨，经 0.3%JA3 涂膜的刺梨果实经 30d 常温贮存，其 AsA 保存率高达 91.8%；康冀川等应用海藻酸钠等复合调配出刺梨鲜果专用保鲜剂，可在 0～1°C 的条件下贮藏 4～6 个月，延长了果实货架期，保证了周年供应。

（五）辐射保鲜技术

辐射保鲜是利用射线照射果蔬产品的细胞，杀死或抑制附着的微生物和昆虫等，使它们发生一系列的生理、生化效应，从而减缓其新陈代谢速率和生长发育速度，以延长被辐照产品的保质期的一种保鲜技术。牟君富等采用 4 万伦琴剂量照射刺梨后结果表明，贮藏 55d 后鲜果保存率达 59.6%。

（六）栅栏保鲜技术

果蔬贮藏作为一项综合技术，由于单一的贮藏方法存在一定缺陷，因此可以通过控制影响果蔬贮藏期间的栅栏因子，使其产生叠加效应发挥相辅相成的效果来阻止果实劣变。研究影响果实贮藏期间的各种栅栏因子及其协同作用，达到保持果蔬产品品质的目的。刺梨鲜果贮藏过程中的重要栅栏因子有温度、湿度、气体成分、辐照因子、包装材料、保鲜剂等，研究不同栅栏因子及其组合叠加效应有助于保持产品质量并延长其货架期。

第三节　刺梨果实采后贮藏的发展方向

目前，国内外关于保鲜膜、保鲜剂和保鲜材料的研究较多，并且向化学、材料学、生物学等多领域交叉学科发展。随着生活质量的提高，除了对果实的风味和口感追求之外，人们也开始越来越重视其营养及功效成分，使得果实采后处理技术向高效、稳定、安全、健康、无副作用的方向发展。在此背景下，大量的物理处理技术（气调、辐照、减压、臭氧及纳米技术等）、涂膜及生物防腐技术得到广泛应用，这减少了化学方法在果实保鲜中的使用，降低了果实表面的农药残留和对环境造成的污染。今后贮藏技术的发展除了保证果蔬风味和感官品质之外，将更加注重保持果蔬的营养品质、新鲜度、安全性、避免损伤等多个方面，以提供优质、新鲜、安全的果蔬。

参考文献

[1] 何伟平，朱晓韵．刺梨的生物活性成分及食品开发研究进展［J］．广西轻工业，2011(11):1-3．

[2] 唐玲，陈月玲，王电等．刺梨产品研究现状和发展前景［J］．食品工业，2013(1)：175-178．

[3] 董李娜，潘苏华．刺梨的研究进展［J］．江苏中医药，2007(8):78-80．

[4] 罗廷华．苗族医药学［M］．贵阳:贵州民族出版社，1992．

[5] 肖翊舟．维C大王——刺梨［J］．商业科技，1986(9):26．

[6] 赵学敏．本草纲目拾遗［M］．北京:人民卫生出版社，1983．

[7] 吴茂别．刺梨与刺梨酒［J］．酒世界，2007(3):44．

[8] 张春妮，周毓，汪俊军．刺梨药理研究的新进展［J］．医学研究生学报，2005(11):93-95．

[9]桂镜生，韦群辉，谭文红等．民族药刺梨的生药学研究[J]．云南中医中药杂志，2009(2):24-25．

[10] 王凤香．刺梨的生态生物学特性及其开发利用前景［J］．生物学通报，2000(7):45．

[11]胡明月，孙开理，李士会等．刺梨的特征特性及整形修剪技术[J]．现代农业科技，2012(14):88．

[12] 董李娜，潘苏华．刺梨的研究进展［J］．江苏中医药，2007(8):78-80．

[13] 杨凤英，冀文孝．山西的刺梨［J］．山西农业大学学报自然科学版，1994(3):309-311．

[14] 骆文福．家庭盆栽刺梨如何管理才能株壮果多［J］．中国花卉盆景，1996(12):17．

[15]樊卫国，安华明，刘国琴等．刺梨的生物学特性与栽培技术[J]．林业科技开发，2004(4):45-48．

[16] 季强彪，李淑久．缫丝花和单瓣缫丝花的形态学及解剖学比较［J］．西南农业学报，1998(4):79-84．

[17] 丁正国．刺梨饮料的生产开发［J］．企业技术开发，1995(10):11-13．

[18] 宋淑贤，李兴华，朱艳丽等．刺梨原浆的提取和保存技术［J］．河南农业，1994(4):6．

[19] 吴惠芳，邹锁柱，陈雪．可溶性甲壳质澄清刺梨汁的研究［J］．食品科学，2007(3):131-134．

[20] 唐玲，陈月玲，王电等．刺梨产品研究现状和发展前景［J］．食品工业，2013(1):175-178．

[21] 梁芳，高霞，杨雪等．不同添加剂对刺梨果汁品质稳定性的影响［J］．食品科学，2011(23):53-57．

[22]蔡金腾，丁筑红，朱庆刚．刺梨、火棘复合果汁饮料的加工工艺[J]．食品科学，1996(12):37-39．

[23] 吴拥军，王嘉福，牟君富．刺梨、红子、金樱子混合果汁饮料研制［J］．食品工业科技，1999(2):44-45．

[24] 郭军，林小敏，骆立智．刺梨、芦荟复合保健饮料工艺［J］．食品工业，2005(2):16-18．

[25] 刘敏，邓婧，谭书明．刺梨-松花粉复合饮料的研制［J］．山地农业生物学报，2015(5):60-64．

[26] 朱庆刚，张正强，牟君富．野生刺梨与甜橙苹果南瓜复合清汁的研制［J］．中国野生植物

资源，2002(2):38-39.
[27] 吴天祥，周雪松．鱼腥草、南瓜、刺梨复合营养保健饮料[J]．食品工业科技，1998(6):46-47.
[28] 李万勇．刺梨芦笋蔬菜汁的开发 [J]．农牧产品开发，1997(5):18.
[29] 丁筑红．刺梨绿豆芽果蔬复合饮料加工 [J]．中国畜产与食品，1999(2):74-75.
[30] 朱庆刚，赵武，林泽伟．刺梨与菊花、草莓复合浑浊果汁饮料的加工工艺 [J]．中国野生植物资源，2002(5):47-48.
[31] 陈铁山．桦树汁刺梨复合饮料的研制 [J]．食品科学，1997(3):67-69.
[32] 余红英，艾训儒，徐伟声等．火棘、刺梨、胡萝卜复合果蔬饮料的研制 [J]．湖北农业科学，1998(6):72-75.
[33] 蔡金腾，朱庆刚，张琼梯等．粒粒魔芋、刺梨汁饮料的研制[J]．中国果品研究，1996(3):20-22.
[34] 吴翔，林造祥，郑伯洲．马蹄、刺梨复合果汁饮料的研制 [J]．食品科学，1999(3):40-42.
[35] 谭书明，孙宇，杨光．蒲公英、刺梨复合饮料加工工艺 [J]．食品工业，2001(2):34.
[36] 谢曼曼，李保国，黄海欣等．芹菜刺梨复合功能性饮料的研制 [J]．食品研究与开发，2016(8):58-61.
[37] 刘春荣，王登亮，郑雪良等．椪柑刺梨复合果汁的研制 [J]．浙江柑橘，2014(4):29-32.
[38] 邢飞跃，方耀明，刘静等．刺梨酸奶的研制 [J]．贵州科学，1998(1):77-80.
[39] 吴翔，吴龙英，袁玮等．菠萝、刺梨、芦荟复合发酵饮料的研制．贵州农业科学，2006(2):41-59.
[40] 吴天祥，汤庆莉．鱼腥草、南瓜、刺梨醋酸发酵饮料的研制．粮油加工与食品机械，2001(5):36-37.
[41] 牟君富．刺梨果酒的工业化生产技术 [J]．食品科学，1988(1):19-24.
[42] 周春明，杨坚，龚正礼．刺梨果酒的研制 [J]．酿酒，2001(6):105-106.
[43] 曹信根，向可真，侯克钧等．刺梨发酵汽酒的研究报告 [J]．食品科学，1985(1):24-26.
[44] 武世新．刺梨糯米酒的酿造工艺 [J]．酿酒科技，2001(3):53-54.
[45] 胡春水，樊利青，熊芳芳．刺梨蜜酒的研究 [J]．中国林副特产，2000(2):1-3.
[46] 邱冬梅．刺梨啤酒的生产开发 [J]．今日科技，2000(3):9-10.
[47] 丁正国．刺梨葡萄酒的生产开发 [J]．中国酿造，1996(5):14-17.
[48] 赵贵红．芦笋蜂蜜刺梨发酵酒的研制 [J]．食品与药品，2005(10):61-62.
[49] 何惠．山楂刺梨猕猴桃三果干酒的研制 [J]．酿酒科技，2006(7):81-82.
[50] 王淮生，伍佳琪．天麻、刺梨、蜂蜜复合发酵酒的研制 [J]．中国酿造，2006(1):76-78.
[51] 周俊良，俞露．刺梨醋发酵生产工艺研究 [J]．中国调味品，2009(12):81-83.
[52] 吴孟平，陈西京，程素琦．老年营养保健液安福宝的实验研究 [C]．中国营养学会第三届老年营养暨第二届营养与肿瘤学术会议，1994.
[53] 钟恒亮，王荔萍，卢素琳等．丽人口服液抗氧化作用及对免疫功能的影响 [J]．中华预防医学杂志，2002(3):74.
[54] 张容榕，蔡金腾，漆正方．刺梨胶原蛋白片的制备 [J]．食品研究与开发，2016(8):68-71.
[55] 李爱民．无糖型胶原蛋白刺梨咀嚼片的研制 [J]．明胶科学与技术，2013(3):129-133.

[56] 李衍．刺梨泡茶健胃瘦腰 [J]．家庭医药，2007(9):57.
[57] 周墙，卢群．苦丁刺梨魔芋茶的加工工艺，农牧产品开发 [J]．2001(7):19-20.
[58] 蔡金腾，丁筑红，雷方俊等．高维生素 C 复合绞股蓝袋泡茶的研制 [J]．食品科学，1996(2):37-40.
[59] 何贵伟，刘彤，盛健等．刺梨果冻配方的研究 [J]．山东化工，2015(19):36-38.
[60] 黄国柱，黄一萍，唐玉芳．刺梨果酱生产工艺 [J]．食品工业科技，1993(4):43-44.
[61] 郑晓艳，王正武．复合保健黑番茄酱的研究 [J]．食品研究与开发，2016(2):70-73.
[62] 杨胜敖，石志鸿，江明．刺梨果奶生产工艺及稳定性研究 [J]．食品研究与开发，2010(3):119-122.
[63] 袁豆豆，赵志峰，高颖等．刺梨软糖的研制 [J]．食品与发酵科技，2013(6):90-93.
[64] 李小鑫，郑文宇，王晓芸等．刺梨果渣软糖配方工艺优化研究 [J]．食品科技，2013(10):145-150.
[65] 李衍．高营养的儿童食品刺梨夹心饼干 [J]．粮油食品科技，1983(4):30.
[66] 杨胜敖．刺梨蛋糕加工工艺的研究 [J]．粮食与饲料工业，2008(9):21-23.
[67] 谢国芳，谭书明．刺梨糕的研制 [J]．食品工业，2011(7):4-6.
[68] 徐坤，肖诗明，花旭斌．野生刺梨果脯的研制 [J]．四川轻化工学院学报，2002(2):70-72.
[69] 彤霖，朱巍，谢超等．刺梨提取物在卷烟中的应用及其致香成分的双柱分析 [J]．氨基酸和生物资源，2011(3):10-15.
[70] 王娜，赵同林，张辉等．刺梨提取物膜分离产品的成分分析及其在卷烟中的应用 [J]．分析试验室，2009(1):212-215.